U0226016

中国社会科学院创新工程学术出版项目

中国上市公司协会
China Association for Public Companies

中国企业发展环境报告
2014

中国上市公司协会／编著

经济管理出版社
ECONOMY & MANAGEMENT PUBLISHING HOUSE

图书在版编目（CIP）数据

中国企业发展环境报告 2014/中国上市公司协会编著. —北京：经济管理出版社，2014.9
ISBN 978-7-5096-3390-8

Ⅰ.①中…　Ⅱ.①中…　Ⅲ.①企业环境管理—研究报告—中国—2014　Ⅳ.①X322.2

中国版本图书馆 CIP 数据核字（2014）第 225087 号

组稿编辑：宋　娜
责任编辑：宋　娜
责任印制：黄章平
责任校对：陈　颖

出版发行：经济管理出版社
　　　　　（北京市海淀区北蜂窝 8 号中雅大厦 A 座 11 层　100038）
网　　址：www. E-mp. com. cn
电　　话：(010) 51915602
印　　刷：北京晨旭印刷厂
经　　销：新华书店
开　　本：710mm×1000mm/16
印　　张：14.75
字　　数：226 千字
版　　次：2014 年 10 月第 1 版　　2014 年 10 月第 1 次印刷
书　　号：ISBN 978-7-5096-3390-8
定　　价：78.00 元

编委会

序 一[①]

中共十八大报告提出，经济体制改革的核心问题是处理好政府和市场的关系，必须更加尊重市场规律，更好发挥政府作用。新一届政府成立以来，改革步伐加快，把经济转型与结构升级放到了重要位置。

中国上市公司协会组织力量开展的专题调研使我们对中国企业以提高效率为目标、向创新驱动转型，以及企业转型发展所需环境条件等有关问题，有了更深切的理解。

实现经济转型需要重新定位政府与市场、企业的关系

到目前为止，我国已基本走过了经济发展的追赶期。在这期间，我们主要是重复工业化国家已经历的过程，如建设和完善交通、通信等基础设施，提高矿业、能源等保障能力，奠定基础原材料、基础制造业、民生需求自给的基础等。这些领域的社会需求可以预测、所缺的技术可以从国外获得。在这种情况下，政府控制着较多的资源配置权，采取举国体制、政府主导、依托国有企业、大规模投资的增长方式，在较短的时间基本走完了这一过程，为进一步工业化奠定了基础。至今，如上领域普遍产能过剩、边际效益递减，明显进入了结构调整和升级的阶段。种种迹象表明，投资拉动的经济增长已经走到尽头。克服萧条、重振景气，恢复和提升产业边际效益的基本途径是由投资驱动向创新驱动的经济转型。

但是，创新驱动的经济发展与追赶期不同，存在很大的不确定性，政府很难准确预知未来，是风险很大的经济活动。创新发展主要靠企业家的睿智和胆识，分散决策，进行不怕失败的不停歇地探索；创新的动力来自市场，创新是

---

① 此序是陈清泰同志为《中国企业发展环境报告》首年度出版时写的序。

否成功要由市场评价，创新的试错成本要靠市场消化，创新的溢价收益也得靠市场变现。因此，创新发展所要求的环境条件与追赶期有很大的不同。好的市场环境、高度竞争强度是整体条件。因此，政府不能用追赶时期的管理方式推动创新驱动的经济发展，必须从主导产业发展的角色中退出，采取有力的政策措施改变发展环境。首要的是重新定位政府、企业与市场的关系。政府是创造环境的主体，通过调控市场引导企业；企业是创新的主体，自主决策并承担风险；市场则为创新提供动力、平台，并使成功的创新获取溢价收益。

有怎样的发展环境，企业就会选择怎样的发展模式

近年来，资源、环境和市场的压力日益强劲，政府千呼万唤企业转型，但是进展始终不尽如人意。重要的原因，是市场倒逼企业转型的力量被传统的体制和政策所扭曲，未能充分发挥效力，同时创新发展的环境条件尚待建立和完善。实际上企业对传统增长方式存在很强的路径依赖，没有市场力量的倒逼和高回报的吸引，大多数企业不会轻易转型。例如，在生产要素充裕而且价格低廉的情况下，多数企业会选择规模扩张、低成本竞争的战略；环境成本可以"外部化"，高消耗、高污染就会大行其道，节能环保的企业就会退缩；如果假冒、仿制得不到有效监管、"搞创新的干不过盗版的"，多数企业就不会冒险创新；如果行业标准落后且实施不严，就会导致准入门槛过低，劣质低价产品充斥，先进的企业会被落后企业打倒；如果不正当竞争得不到有效治理、普遍存在"违规成本低、守法成本高"，就会导致劣币驱逐良币；如果选择性执法、寻租机会时时出现，就会使企业更加注重开发"政府关系"这个"生产力"；如果房地产、金融投资的回报持续远高于社会平均水平，就会造成"干制造业的干不过搞房地产的"、"干实体经济的干不过搞虚拟经济的"，企业就倾向于远离制造业，转而追逐各种投资热点；在市场机制不能有效发挥作用的情况下，以行政力量淘汰那些虽然"落后"但仍有钱可赚的生产能力，不仅很难奏效，而且这类产能反而会越来越多。

创新和变革是企业家精神的精髓，是企业不竭的追求，但在现实生活中，企业无法改变外部环境，只能适应环境。因此，创新或不创新，是企业应对外部环境的一种选择，有怎样的发展环境，企业就会做出怎样的选择。如果少数企业不愿创新，那是它基于自身条件的决策；如果多数企业缺乏转型动力，那就是发展环境还不太支持创新。从这个意义上说，向创新驱动的经济转型的问题，就是发展环境的转换问题。从如上情况看，目前的体制、政策环境比较适合投资驱动的发展方式，还不太适合创新驱动的经济发展。向创新驱动转型，我们还面临许多体制、机制的改革与创新问题。

政府既是重要的环境因素，也是改变发展环境的主体

能创造和改变发展环境的是政府，政府的政策和行政方式在很大程度上影响着企业行为。要改变发展环境，必须从转变政府职能、改革政府行政方式入手。

随着改革的深化，市场配置资源的能力、对市场主体的激励和约束力增强，政府职能应及时从对微观经济的直接干预转向创造有效率的市场和良好的宏观环境。

重要的是进一步完善基于法律规则的经济治理。政府经济工作的一项核心职能是制定市场规则，减少政府官员的自由裁量权，保证规则公开透明，并公平公正地严格执行。当前一方面要完善规则；另一方面要提高规则的执行力。政府官员要带头遵守规则、执行规则，确保政企分开，确保竞争环境的公平性和对各类市场主体一视同仁，确保企业能自主决策进入或退出市场。同时，实施严格的市场监管，规范市场经济秩序，使违背市场规则的机构和个人付出应有的代价，以此形成稳定的社会预期。让企业在统一的法律和规则约束下自主经营，使任何企业都可以通过高水平的产品、营销和管理获得高收益，而不是"靠关系"。

培育有效率的市场。要"使市场在资源配置中发挥基础性作用"，政府经济工作的注意力就应放到创造有效率的市场上来，使政府调控经济的有效性，很大程度上应通过市场的有效性来体现。政府应充分释放市场的激励和约束作用，尊重企业的首创精神，尊重市场对产业发展方向和技术路线的筛选；应创造有效的竞争环境，激励产业和企业持续地改善效率和投入创新。

政府应制定和实施促进效率提高和鼓励创新的竞争政策，消除市场进入壁垒，提高竞争强度。进入创新驱动发展阶段，应反思和调整通过传统"产业政策"对产业进行的行政干预。政府应从竞争性项目的经济性管制及时转向针对外部性的社会性管制，如对企业涉及的外部性因素，诸如资源利用、环境保护、安全卫生以及土地使用等进行社会性审查，实行公平市场准入，发布市场信息，利用货币政策和财、税、费等工具进行宏观调控等。

应改变政府主导产业发展的模式。实践证明，政府制定产业规划、确定目标、认定项目、选择依托企业、制定 GDP 增长指标、实施倾斜政策、进行督导和成果评价等做法，已经不适应创新驱动的企业发展。重要的是由此造成企业不是追踪市场，而是追随政府，无法确立自己的市场主体地位。包括市场准入在内的行政审批制，在很大程度上弱化了市场的引导和激励作用。政府对不同所有制企业区别政策的做法，使每个企业头上都有一个"所有制标签"，在企业间形成了所有制鸿沟，公平竞争机制难以建立。政府管得太多，包得太多，优惠太多，企业就会产生依赖，遇到问题不是找市场，而是向政府伸手甚至寻租。以 GDP 指标考核企业，鼓励的是规模扩张，会抑制效率提升和创新。

服务上市公司是中国上市公司协会的基本职能。深入了解企业情况，反映企业群体呼声，是协会的一项重点工作。《中国企业发展环境报告》一书是在协会组织完成的调研报告基础上形成的，其中来自 1500 多家上市公司的一手数据为我们研判企业发展环境、评估政府职能转变进展提供了重要依据，报告中的一些观点和建议也得到了有关方面和企业的认可。中国的改革仍在进行时，协会希望能把企业发展环境的评估工作继续下去，争取每年都能推出本年度的企业发展环境评估报告，以推动企业发展环境改善，驱动企业转型升级。

是为序。

陈清泰

2013 年 8 月

序　二

中国经济经过 30 多年的高速发展，如今已进入一个被称为"新常态"的新阶段。为了迅速适应新常态，给未来中国经济的长期增长创造一个可持续的基础，我们必须在保持宏观经济稳定和连续的基础上，不失时机地按照党的十八届三中全会决定精神，紧紧围绕使市场在资源配置中起决定性作用这个要点，深化经济体制改革，坚持和完善基本经济制度，加快完善现代市场体系、宏观调控体系、开放型经济体系，加快转变经济发展方式，加快建设创新型国家，推动经济更有效率、更加公平、更可持续发展。

在稳步推进改革的同时，我们也应相应调整宏观调控政策范式。过去若干年来，凡遇经济增速发生变化，政府几乎立刻出手干预。这或许可以避免矛盾积累，但也造成了市场信号被扭曲、模糊，从而客观上弱化了市场引导资源配置的功能。更重要的是，政府无所不在、无时不在，也造成了微观主体对政府及其政策的强烈依赖，从而迷失了其市场主体的本能。毫无疑问，长此以往，企业在市场经济中的主导作用将不复存在，进而，市场在资源配置过程中的决定性作用也无从发挥，我们的社会主义市场经济的活力将大大降低。

在新常态下，我国宏观调控政策范式转变的基本方向，就是从倚重需求管理，转向需求管理和供给管理并举。从理论和实践上说，供给管理的要义是激发企业和市场活力，重塑企业作为供给者的社会地位。为达此目的，我们需要通过降低市场准入门槛、减少项目审批、降低税负、降低融资成本等一系列体制机制改革，让广大企业获得更为宽松的经营和投资环境，从而主动承担起推动变革的主体责任；同时，我们要致力于通过解除各种僵硬的体制机制约束，提高劳动、资本、土地等要素的市场效率，为全面提升经济体系的竞争力创造合适的市场环境。

从国家层面来说，企业的发展不仅是各个企业"练内功"的过程，也是一个建设适宜企业生成、发展、壮大之环境的制度建设和创新过程。后者显然是政府不可推卸的责任。正因如此，我们需要深入市场，深入企业，需要深入分析中国各类企业的多样化需求，倾听企业最真实的想法和诉求，通过认真调查、仔细研究，慎重决策。

中国上市公司协会年度出版的《中国企业发展环境报告》，正是秉承以上宗旨，致力于反映企业的心声，推动企业发展环境改善，并以此促进政府加快转变职能的权威报告。我们深知，改善企业发展环境是一个长期、持续的系统工程。正因如此，编制企业发展环境报告，系统、客观、全面、连续地反映企业的处境和诉求，同时，系统、全面、准确地归纳政府政策的变化，并以此促进政府与企业互动，改善政府和市场的关系，是一项十分有意义的工作。此报告连续编发多年，功莫大焉。

多年来，中国上市公司协会积极探索新型自律性组织的发展模式，努力成为国家政策的建言者、传播者和解说者，成为上市公司诉求的总结者和传递者，致力于促进资本市场科学、平稳、健康发展，做了大量有益的工作，这都是很有意义的。这些工作坚持下去，势将对我国企业发展、市场发展直至宏观经济发展，提供正能量。

李扬

中国社会科学院副院长

2014 年 10 月

目　录

市场监管篇

政策环境篇

市场监管篇

中国企业发展环境报告

第一章　改进市场监管　完善企业发展环境

　　当前，我国发展已进入新阶段，经济发展处于增长速度换挡期、结构调整阵痛期、前期刺激政策消化期的叠加阶段，面对世界经济持续深度调整态势，我国经济发展的内外环境日趋复杂。有怎样的市场发展环境，企业就会选择怎样的发展模式。随着我国越来越多的企业逐步进入到培育全球领先企业的重要阶段，需要政府部门进一步改进市场监管，完善企业发展环境的需求愈加迫切。对此，中共十八届三中全会在《中共中央关于全面深化改革若干重大问题的决定》中明确提出，改革市场监管体系，实行统一的市场监管，清理和废除妨碍全国统一市场和公平竞争的各种规定和做法，严禁和惩处各类违法实行优惠政策行为，反对地方保护，反对垄断和不正当竞争。为贯彻落实党中央决策部署，国务院印发《关于促进市场公平竞争维护市场正常秩序的若干意见》，指出要围绕使市场在资源配置中起决定性作用和更好发挥政府作用，着力解决市场体系不完善、政府干预过多和监管不到位问题，实行宽进严管，以管促放，放管并重，激发市场主体活力，平等保护各类市场主体合法权益，维护公平竞争的市场秩序，促进经济社会持续健康发展。明确了简政放权、依法监管、公正透明、权责一致和社会共治等基本原则，强调立足于促进企业自主经营、公平竞争，消费者自由选择、自主消费，商品和要素自由流动、平等交换，建设统一开放、竞争有序、诚信守法、监管有力的现代市场体系，加快形成权责明确、公平公正、透明高效、法治保障的市场监管格局，到 2020 年建成体制比较成熟、制度更加定型的市场监管体系。为深入学习领会中共十八届三中全会精神，认真贯彻落实国务院有关规定，进一步了解我国市场监管中存在的问题，了解企业对改进市场监管的看法和意见建议，中国上市公司协会开展了市场监管与企业发展环境的专题研究，先后在 3 个省市召开了 6 次座谈会，并到一些企业进行了实地调研，组织回收了 860 份企业调查问卷。具体情况如下：

一、研究框架与基本思路

1. 重点调研四类监管活动

改进和加强市场监管涉及较多方面，根据中国上市公司协会的职责和会员构成特点，我们重点调研与企业尤其是上市公司密切相关的市场监管活动。这些市场监管大致可以分为四类：一是对企业商事活动的监管，主要包括对企业设立、企业退出、税收、融资等活动的监管，基本涵盖了企业从设立到退出的主要活动；二是市场秩序监管，主要包括对地方保护、垄断、不正当竞争行为的监管，不正当竞争行为又包括假冒伪劣、恶性价格竞争、价格同谋等行为；三是外部性监管，主要包括对企业在消防、安全生产、产品和服务质量、环保四个重点方面的监管，这些方面带有很强的外部性，与消费者和社会利益密切相关；四是行业性监管，很多行业如能源、信息与互联网、金融、医药卫生等，这些领域的企业除要遵守上述三个方面的共性监管之外，还必须接受和遵从所在行业一些特殊的监管规定，而这些行业性的监管制度和监管行为对这些企业的经营活动影响巨大，改进市场监管必须推进这些行业性的监管体制改革。

2. 改进市场监管的基本思路

改进监管应该坚持问题导向，针对这四类市场监管活动中存在的突出问题，我们提出了改进市场监管的基本思路和主要措施。

关于改革原则。一是要从当前市场监管的实际状况和企业的实际需要出发，四类监管活动中存在问题最多的是市场秩序监管和外部性监管，这应该成为改进的重点。但这两个方面存在的问题由来已久，其解决必须依靠体制创新与依法监管。运动式的监管方式不是长效之计，同时立法立规和执行改进应是一个渐进过程，要给企业明确的改进预期和改进时间，监管改革可在重点领域下猛药。二是抓紧推进市场监管改革。减少行政审批和加强市场监管互为补充，政府在减少审批的同时，要尽快加强监管补位。加强市场监管的形式可以多样化，事前可以充分发挥自律组织的作用，承担预防性监管职能，事中、事后加强执法监管作用，防止"一放就乱"。从企业反映的情况看，当前新一届政府调整取消行政审批事项时间较短，审批制度改革的效果还没有充分体现，部分地方和部门不同程度地出现了审批下放对接不到位、监管政策滞后等现象，导致改革红利释放受阻。三是防止以管代监，变相干预企业，利用监管寻租。监管的有效性取决于立法、执法、监管机构改革、监管人员素质等多个方面，特别是监管机构的改革非常重要，原来以审批为主的行政部门要转为以监管为主面临非常大的挑战，需要对部门的职责定位、工作理念、监管流程等进行全面改革，在这些改革还没有到位的情况下，寄希望于让这些行政部门履行好监管职能是不现实的，改革不同步很容易造成以管代监，因此加强市场监管必须与政府职能转变同步进行。

建立"五位一体、相互制衡"的市场监管体系。每个方面都既是监管者，也是被监管者，不能有超越被监管和脱离约束的力量，否则监管者反而成为破坏监管的力量。这五位分别是司法、政府、社会中间组织、企业、社会监督。五位监管都追求统一的目标，即共同为作为市场主体的企业服务，维护公平竞争的市场秩序。司法是市场监管的最终保障性力量，必须强化立法机构、法院等在改进市场监管中的保障作用，要让破坏市场规则的企业和个人得到应有的法律制裁，形成市场监管的司法威慑力。政府是市场监管的主要力量，监管是否到位，从根本上取决于政府职能的转变，取决于政府能否真正做到按规则进行经济治理。社会中间组织包括行业协会等自律组织和可代行部分监管职责的第三方机构。市场经济越发达，社会中间组织就越具有不可替代的作用，政府在很多方面不需要直接去监管企业，而是可以委托第三方进行，政府更多的是监管第三方机构，这样可以大大提高监管效率和效能。企业也是重要的监管力量，它们可以彼此监管，也可以监管政府。改进市场监管从根本上要依靠企业自律。社会监督，包括新闻媒体、消费者等，是市场监管的重要补充手段之一，也是改进市场监管必须依靠的重要力量。

改进市场监管的措施。改进监管至少涉及法规制定、监管执行、诚信等社会体系建设、生产经营规范四个层次。改进市场监管的措施既包括根本性、体制和法律层面的，也包括一些能解决短期问题的措施。从企业反映的意见看，以下几个方面的措施对改进市场监管会有重要意义：首先应做的是清规建章，要依法监管就必须按中共十八届三中全会的要求，加快"清理和废除妨碍全国统一市场和公平竞争的各种规定和做法"，这是加强市场监管的基本前提；其次是改进执法，在市场监管中有法不依、自由裁量权过大、监管者违法违规的问题必须解决；再有就是加强外部性监管，包括消防、安全生产、质量、环保四个重要领域；加强市场秩序监管，要切实解决地方保护、垄断、不正当竞争的问题；要引入一些被市场经济发达国家证明较好的措施，如发挥第三方机构作用、加强诚信建设、重视自律组织作用等。这些措施，本书将在后面逐一进行讨论。

二、企业对改进市场监管的主要看法

通过对 860 家上市公司的问卷调查发现，多数企业迫切希望能够尽快完善市场监管，但也对改革是否有效存在较大疑问，甚至担心会产生反作用。调查企业对改进市场监管的看法主要集中在改进监管执法、改善外部性监管、加快诚信体系建设、改进商事管理制度、规范市场秩序、完善技术标准等方面。

1. 调查企业的所有制、行业、地区分布

调研样本所有制类型齐全。其中，国有及国有控股约占四成，民营及民营控股约占一半。调查样本基本覆盖了上市公司的全部行业类型。其中，制造业企业最多，占比超过 50%。批发和零售业占 7.4%，信息传输、软件和信息技术服务业占 5.5%，交通运输仓储和邮政业占 4.3%，房地产占 3.7%。调查样本覆盖东、中、西部地区，其中注册地属于东部沿海省份的占 62.9%，中部的占 16.5%，西部的占 20.6%。

2. 市场监管亟待改进和完善

被调查企业中，有 76.2% 的企业认为完善市场监管非常具有紧迫性，22.0%

的企业认为紧迫性程度一般，只有 0.8% 的企业认为完善市场监管不具有紧迫性。从地区差异看，西部地区的企业认为完善市场监管的紧迫性程度最高，有 81.8% 的企业认为完善市场监管具有紧迫性，这一比例高于东部地区 76.3% 和中部地区 74.1% 的比例。从分行业情况看，房地产业、交通运输仓储和邮政业、批发和零售业三个行业的企业认为完善市场监管的紧迫性更高。尽管企业认为市场监管亟待改进和完善，但有九成以上的企业对完善监管的路径和效果等存有顾虑，担心改革可能低效、无效，甚至会起反作用。被调查企业中，有 81.2% "担心进一步强化政府对企业的干预，市场秩序却得不到改善"，65.1% "担心政府仍用传统方式来干预经济"，45.6% "担心政府扩大编制，增加经费，机构臃肿"，仅有 7.8% 的被调查企业选择 "对改进市场监管没有顾虑"。

3. 改进市场监管应力度适中，循序渐进

被调查企业中，有 84.8% 认为改进市场监管应该 "循序渐进，给企业一个较长的适应期"，24.2% 认为 "应该下猛药，大力改善市场经济秩序"。此外，还有 5.7% 的企业认为 "市场监管改革难度太大，对改善监管不抱希望"。从行业情况看，有 34.4% 的房地产企业认为监管改革 "应该下猛药，大力改善市场经济秩序"，这一比例远远高于其他行业，房地产行业企业对政府应该加大市场监管改革力度的呼声最高。

4. 商事管理

在商事管理方面，企业建议完善 "黑名单制度"，希望 "一处违规，处处受限"。多数调研企业认为，在工商领域建立 "黑名单" 制度有利于完善工商监管，对进入黑名单的企业要对其在税收、融资等方面进行限制。为顺利推进黑名单制度的建立完善，多数企业认为首要措施应公开透明其运作过程并建立申诉机制。

5. 准入管理

在准入管理方面，政府对企业的准入管理各地明显不同，东部地区好于中西部地区，服务业门槛较多。被调查企业中，有 65.6% 表示所在行业存在来自政府部门规定的准入门槛，主要包括企业资质、投资额、技术标准、政府批文、企业规模、企业类型、注册地、经营场地、经营业绩要求等。从地区情况看，经济越发达、市场活跃程度越高的地区准入门槛越少。东部地区，62.6%的被调查企业表示所在行业存在来自政府部门规定的准入门槛，明显低于中部地区70.9%和西部地区74.3%的比例。从行业情况看，房地产业、交通运输仓储和邮政业、信息传输、软件和信息技术服务业，政府设立的准入门槛更为普遍。93.7%的房地产企业、83.4%的交通运输仓储和邮政业企业、71.7%的信息传输、软件和信息技术服务业企业表示所在行业存在来自政府部门规定的准入门槛，显著高于制造业61.6%的比例。

6. 建设管理

在建设管理领域，企业认为串联审批、规则不清和多头监管是企业在自建项目上遇到的最主要的监管问题。企业建议应将简化流程、明确标准作为改进投资建设领域监管的重点。东部、中部和西部被调查企业均把"简化监管流程"列为最迫切的改革重点。

7. 行业标准

在行业标准方面，大部分调研企业认为其采用的生产标准与国际通用标准一致，且所处行业的国内标准与国际标准并不存在太大差距，但是应加大生产经营过程中的标准执行力度。为完善生产监管，多数企业提出应加大处罚力度，提高不法企业的违规成本；加强行业自律，从源头上防止企业违法违规；利用先进技术，提高监管效率。

8. 监管方式选择

在监管方式选择上，企业认为明确规则比现场检查更重要。被调查企业中67.0%选择了"明确监管法规，让企业了解规则，依靠企业自律"，这一比例最高。其次是"利用信息技术等先进技术手段进行监管"，其比例为64.9%。"委托第三方专业机构进行监管，体现专业性"和"现场检查"的比例分别为47.9%和44.1%。从分地区情况看，西部地区企业对"现场检查"的诉求稍强，比例达到52.5%，远超出东部企业41.8%和中部企业42.3%的比例。

9. 市场秩序监管

在市场秩序监管方面，被调查企业认为，当前市场秩序监管中存在的主要问题是处罚不到位、政府管制多、所有制不公、地方保护和法规体系不完善。西部地区"地方保护严重"的问题更为突出，比例为 39.0%，明显高于东部 33.1% 和中部 35.9% 的比例。东部企业中认为"知识产权保护不到位"的比例达到 33.1%，远超出中部 27.5% 和西部 22.6% 的比例。

10. 第三方机构监管

对引入第三方机构监管存在矛盾心理。企业一方面认为第三方机构可"体现专业性，避免行政力量过大"，但也"担心变成监管部门的附属机构，输送不当利益，提高监管成本"，"担心中介组织缺乏自律，出现变相寻租行为"。

11. 外部性监管

绝大多数调研企业认为，政府在消防、安全生产、质监和环保等领域制定的监管标准与制度规定基本合理，企业应该也可以做到。多数调研企业认为上述领域的监管执法机构能做到秉公执法，但也有部分企业认为监管机构只重检查，缺乏指导性，对企业的改进帮助不大。为应对上述监管，绝大多数调研企业会完全按监管要求来做，尽量达到监管要求。对于监管人员素质，多数调研企业认为有待提高。针对政府下达节能减排、环保达标指标考核的做法，部分调研企业认为这样的监管方式落后、存在"一刀切"问题，企业无法真正落实减排指标，只能通过瞒报虚报应付监管。同时，在指标分配上，政府部门经常一意孤行，很少听取企业和行业的意见。

12. 企业诚信监管

在企业诚信监管方面，多数调研企业认为目前社会诚信总体情况正在逐步改善，但仍存在拖欠货款、"三角债"问题。企业迫切需要政府和社会提供多方面的信用信息服务，帮助它们快速获取信用信息，包括企业工商、税务、银行等信用信息；企业及主要经营者违法违规记录、司法诉讼记录等信息；企业环保达标和履行社会责任方面的信息；企业及主要经营者履行合同记录等信息。多数调研企业虽然可以获得上述信用信息，但是成本较高，未来的改革应着力减少企业获取信息的成本。为加强诚信体系建设，绝大部分调研企业认为首要工作是整合公安、税务、银行、证券、劳动、安全等部门的信息，实现信息互通互联，信息共享。同时，绝大部分调研企业也愿意将本企业信息纳入诚信体系中。

13. 对企业退出的监管

调研中，进行过破产清算的企业平均耗时 157 个工作日，最多 1000 个工作日。在这方面调研企业遇到的最主要的三个问题分别是职工安置，土地、债务等历史遗留问题多和地方政府维稳压力大。进行过转让退出（包括丧失控股地位、被兼并）的企业认为，最主要的三个问题分别是产权转让程序复杂，土地、债务等历史遗留问题多和产权转让信息不公开，难以寻找合适受让方。绝大多数调研企业认为，完善退出机制，是淘汰落后企业的有效方式，多数企业认为破产是让落后企业退出市场的更好方式。

三、改进市场监管的主要措施

1. 建立长效的法规清理机制

现有的政府治理模式、监管体系固化体现在现行法律法规上，部分规定明显滞后，需要清理和修改。据国务院法制办公室统计，截至 2010 年 4 月，全国现行有效规章共 12262 部，其中国务院部门规章 3067 部，地方政府规章 9195 部。其中，一些法律规定已不适应经济发展需要，但更新不及时。同时，由于政出多门，对同一事项各部委、各地方的规定差异大或存在冲突，导致企业无所适从，不利于形成统一、公平的市场竞争秩序。例如，依据卫生部的规定，医疗机构的科室设置数目与注册资本挂钩，且注册资本必须一次性到位，而按照《公司法》规定，注册资本可以分批出资到位，针对这种情况企业往往不知该守哪个法才是。再如，1994 年国务院证券委、体改委发布的《到境外上市公司章程必备条款》（以下简称《必备条款》）是鉴于当时国内《公司法》、《证券法》尚未制定，借鉴中国香港地区上市规则对企业赴境外上市的章程必备条款作了系列具体规定，要求企业必须写入章程。但其中很多规定只是基于当时的特殊背景，现在看来不尽合理，如要求股东大会 45 天提前通知时间远远长于中国香港地区的规定，导致境外上市公司的治理成本较高，对企业海外扩张形成很大阻碍。目前，我国已有较为完备的公司及证券法律法规，但证券委、体改委这两个机构早已调整，然而该《必备条款》规定一直未更新也未废止。市场经济是建立在规则基础上的法治经济，改进监管就应从清理法规规章入手，以此为基础来转变政府职能和监管方式。

为防止集中清理、"运动式"清理之后原有问题重复产生、不断积累的现象，需要建立法律法规定期清理的长效机制，即定期、常态化的法规清理模式。坚持立"新法"与改"旧法"并重，对不符合经济社会发展要求、与新制定或修订的上位法相抵触或者相互之间不协调的行政法规、地方性法规、规章和规范性文件，通过建立定期清理机制，及时予以修改或废止。鉴于目前国家经济、社会发展进入新的发展阶段，政策调整频率较快，建议采取"一二三五"清理机制，即国家法律五年一清理，国务院颁布的行政法规三年一清理，各部委、地方性规章两年一清理，规范性文件一年一清理的机制，制定统一的标准，由全国人民代表大会和国务院法制办公室牵头，责成各部门、各地方指定专门部门和人员负责此项工作，建立常态化的工作机制，明确法规清理工作要求，规范工作程序，落实工作责任。

2. 改进监管执法

我国现有的市场监管部门存在很大程度上的监管缺位、执法不严、违法不究现状，加强监管要将监管资源专注政府该管的地方，而不是借加强监管之名行"扩部门、增编制、加预算"之实，要切实防止监管权力异化。证监会推进的 IPO 注册制改革值得效仿，其在弱化行政审批的同时，更多强调自律监管和执法监管的跟进。当前的突出问题是这些部门在监管执法中自由裁量权过大，重检查、处罚，轻培训、指导。企业在接受相关部门的检查或处罚时，"找关系、托熟人"以期被照顾或避免"被特别照顾"的情形已成为常态，执法人员在行使职权时暗示采购其指定产品或索取好处的现象时有发生。建议明确执法标准和处罚依据，严格控制自由裁量权的行使，执法人员行使自由裁量权应依法合规，不能随意扩大自由裁量的范围。要加强各部门的联合执法，完善不同执法部门和同一部门上下级单位之间的信息通报制度，实行联合检查和案件移交制度，提高执法效率。

很多企业反映其经常会在不知情的情况下发生非主观违规。这与监管部门的日常宣传、指导不到位有关系。特别是消防、安全、质量、环保等方面的法律法规种类繁多，更新频繁，由于获取相关法律法规的渠道不明确，往往会出现企业的反应速度跟不上法规变化的情况。建议在加强检查和执法的同时，多渠道、多方式加强宣传和培训，加强对企业的实地指导，提高企业及其相关工作人员的专业水平和对相关法规、政策的理解水平。

推动监管流程再造。企业对监管程序不明有诸多意见，主要是程序不透明、程序过长过繁。应在理清各种权责关系的基础上，对监管过程或办事程序进行重新设计和安排，以缩短循环时间，规范运行程序，实现政府监管高效化。要提高程序和办事进展的透明度，坚持规则公开、程序公平、结果公开。

3. 在监管体系中引入第三方机构

第三方机构具有独立性、专业性、权威性，将其融入监管体系有助于提高监管效率，缩小政府规模，节省行政开支，降低监管成本。例如，在资本市场，若监管部门直接审计企业财务，将难以承担监管成本。由于引入了会计师制度，会计师可以代替监管部门对企业进行财务审计，监管部门只需依据其出具的审计报告对企业财务进行监管，并建立专门针对会计师机构的监管制度。我国传统市场监管主要依靠政府，以往加强市场监管最终导致政府机构扩充，人员增加，行政成本上升，对企业干预加重，但监管效果没有提高，反而滋生出大量寻租空间，扰乱市场秩序。尤其是近年来，食品安全、产品质量、安全生产、环境保护等领域的市场监管问题较为突出，但政府部门受自身能力的限制，难以实现对上述领域的有效监管。因此，应在上述领域加快建立第三方监督机制，培育更多第三方机构，更多利用第三方机构来代替政府一线监管，实现对企业的全方位监控。

在引入第三方机构的同时，政府也要加强对第三方机构的监管。我国第三方机构发展处于初级阶段，相当一部分机构缺乏自律，存在企业花钱买认证等变相寻租行为。一些机构甚至受利益驱使，为违规的企业篡改报告内容，进行数据造假。还有一些假冒的机构，随便出具虚假检测报告。缺乏自律的行为严重降低了第三方机构的公信力。要完善事后监管机制，加大处罚力度，提高第三方机构的失信、违规成本，净化市场。对假冒知名机构，提供虚假评估检测报告的行为严厉查处，保护合格第三方机构的公信力。

4. 加快诚信体系建设

全国统一、开放的企业诚信体系和开放透明的政府诚信体系是完善市场监管的重要基础。全国统一的企业诚信体系应包括企业合同履约信用、纳税信用记录、偷逃骗税记录、产品质量、环保执行、银行还贷、安全事故、拖欠工资、财务虚假记录等。一些市场主体往往采取"打游击"的方式规避市场监管，如在某一地区或领域有了不良记录，就会转到其他地区或领域图谋发展。因此，要建立全国统一的市场诚信信息平台和数据库，实现跨地区、跨部门的市场诚信记录联网。对市场诚信记录进行分类管理，严格监控有失信记录的市场主体，对其生产、销售、质量、合同履约等经营行为实行跟踪监督，建立企业诚信"黑名单"，真正实现不良企业"一处违规，处处受限"。对失信的市场主体要依法实行高额经济处罚、降低或撤销资质、吊销证照，限制其经营能力或市场准入，增加违法成本，使其不仅无利可图，还要付出沉重代价，甚至依法追究违法失信者的行政、民事和刑事责任。

建立政府诚信体系，并向社会开放。将政府机关的政策随意性、办事效率低下、统计数据作假、承诺失信、部门保护、行政许可审批官僚主义等纳入诚信记录，作为政府部门考核的重要指标。将公务人员的腐败、违纪、工作拖延、工作作风、办事效率等纳入个人诚信体系，作为晋升、考核的重要评价标准。

5. 改进企业商事管理制度

企业商事管理主要涉及企业的设立、变更与退出三个环节，这是企业最基本的市场活动，政府及监管部门对这三项商事活动的管理直接影响着企业的经营效率。商事管理改革的方向是由事前审批为主的行政管理向事中、事后监管为主的监管体制转型，商事管理改革的目标是提高企业效率，让企业设立顺利，退出也顺畅。要进一步改进企业注册登记管理制度。扩大采用网上注册登记和电子营业执照的范围，实行工商营业执照、组织机构代码证和税务登记证三证合一登记制度。制定全国统一的企业经营许可审批目录，提高审批效率。取消工商年检，以商事主体年度报告制度取代年检制度。简化企业注销流程，建立"一站式"退出审批通道。修改完善《破产法》、出台上市公司破产重整具体规定，明确破产重整、清算相关规则和程序。

6. 改进投资准入监管

修改现行《政府核准的投资项目目录》、《国家固定资产投资指导目录》、《外商投资产业指导目录》、《外商投资产业调整目录》和《产业结构调整指导目录》等一系列指导目录，制定统一的企业投资准入负面清单。修改配套制度和规定，包括《公司法》、《公司登记管理条例》等相关法律法规、企业工商注册登记制度、相应的行政审批制度等。有必要成立专门的监督协调机构，制定实施细则，推动负面清单制度落实，对相关管理部门放开准入的进度、程度进行跟进和评估。

7. 破除地方保护和市场分割，加快全国统一市场形成

地方保护有多种形式，一种形式是限定对象，以行政命令或下发文件的形式，用强制手段来扶持本地企业和产品。比如，国内各个示范城市采购新能源汽车时，基本都优先采购地方企业的产品，基本是"当地政府只补贴当地企业"。另一种形式是设置壁垒。不少地方实行"以投资换市场"，要求跨区经营的企业必须在当地组建独立法人机构。这就导致重复建设、投资低效分散，资源浪费严重。应抓紧清理、废除各地区、各部门制定的带有地方保护且与国家法律、法规相抵触的地方性、行政性法规规章和规范性文件等。改变过去主要以经济发展指标考核政绩的做法，逐步将营造统一开放、公平竞争的市场环境作为干部考核的重要内容，尽力为企业提供相对公平的竞争环境。

8. 加大反垄断力度，限制垄断企业向产业链相关竞争性领域的无限度扩张

垄断企业凭借政府资源、政策优惠及垄断地位，在市场中处于强势地位，

近年来其无限度的全产业链扩张及跨产业链扩张，既剥夺了小企业的生存空间，也加剧了产能过剩，更破坏了市场规则。作为垄断企业的设备、技术、产品的配套供应商，中小企业在客户结构上严重依赖作为少数甚至单一买方的大企业，缺乏谈判筹码，有时为拿到订单或尽早实现新技术的应用，只能被迫被大企业收编。建议加快垄断行业改革，引入竞争机制。通过立法明确限制大型国企和垄断企业向产业链相关竞争性领域的扩张；对于已经扩张至竞争性领域的企业，可考虑强制分拆或退出，或者通过限制参股比例等办法降低或消除垄断企业对竞争和中小企业的排斥。

9. 调整产业政策，建立和实施竞争政策

经济追赶期的产业政策会异变成保护行政性垄断、强化所有制歧视和阻碍市场准入的工具，甚至变成政府过度干预市场和企业的依据和手段。在创新驱动阶段，在竞争性领域政府以行政力量直接或间接干预市场，配置资源，必然造成资源错配和低效。应当及时把引领企业的功能让位给市场，充分发挥市场对企业的引导、激励和约束作用，在现阶段我们应把竞争政策提到更高的高度，可考虑将"产业政策"转变为"竞争政策"，重点推进建立和完善法治的市场环境，尊重企业独立的主体地位，消除市场进入壁垒，保障竞争的公平性，打破市场分割、行政性垄断和所有制歧视，建立良好的产业生态，使市场成为所有企业和个人创新、创业的平台。

10. 严惩假冒伪劣，净化市场环境

假冒伪劣是目前我国市场经济发展过程中最为普遍的破坏市场竞争秩序的行为。我国生产销售的假冒伪劣产品范围之广，几乎涉及工业生产和人民生活的各个领域。调查问卷结果显示，在制造业和批发零售业领域这一问题比较突出，有1/4以上的制造业企业和批发零售业企业都认为假冒伪劣问题很严重。造假制劣已经严重侵害老百姓的生命财产安全，极大破坏了市场经营环境，不利于社会经济的持续健康发展。因此，打击假冒伪劣，推动建设公平竞争的市场环境刻不容缓。应加大对扰乱市场秩序行为的处罚力度，严惩制假造劣行为；大力推进侵权假冒案件的行政处罚信息公开，将行政处罚案件信息纳入社

会征信体系，对假冒、侵权行政处罚案件实行信息公开。

11. 加大知识产权保护，促进技术创新

调研发现，企业在市场竞争过程中，遭遇侵犯知识产权的情况比较严重。问卷结果显示，30%左右的企业认为我国的知识产权保护不到位，其中信息传输、软件和信息技术服务业尤为严重，比例高达48.9%。制造业中有36%的企业认为知识产权保护不到位。有企业提到，该企业的一项日光照明技术，第一代是用铝管加透光膜来替代传统的日光管，3个月后产品就被抄袭了，后来又推出塑料管，没多久又被抄袭了。行业中的厂商互相抄袭严重。知识产权维权也存在举证难、周期长、成本高、赔偿低等问题。侵权多发和维权不力损害了企业创新的积极性。企业普遍认为目前知识产权的保护力度偏弱，假冒伪劣行为的违法成本较低，侵权行为鉴定程序烦琐且不明确。建议加强对知识产权的运用和保护，加快建立知识产权法院，加大惩罚力度，提高侵权成本。

12. 专项治理不正当竞争行为

价格战导致恶性竞争是市场竞争中普遍存在的现象。在企业实地调研中，有1/3以上的企业反映这类竞争扰乱了正常的市场秩序，希望政府能加强监管，采取有效手段改变这种不良竞争状态。建议要积极引导企业理性投资，出台相关政策，鼓励企业技术创新，提高竞争能力让企业从恶性的价格竞争转到良性的技术创新竞争上来，推动整个产业的转型升级。同时要开展专项治理活动，依法严格打击以低质产品冲击市场、以恶性价格竞争扰乱市场等行为。要进一步完善《反不正当竞争法》，明确对违法行为的界定，严厉打击违法行为。

13. 建立以消防、安全、质量、环保四个领域为重点的外部性监管体系

这四个领域外部性强，加强对其监管对实现经济可持续发展、拉动产业转型升级、保护消费者权益、促进公平竞争都有重要意义。应完善标准体系，标准应及时更新。在制定相关标准时，应注意相关部门的统一协调，避免出现标准重复和矛盾。要改进和完善监管体制，提高这些领域监督部门监管和执法的独立性。探索在外部性领域监管中更好地发挥市场机制作用，如推行节能量、碳排放权、排污权、水权交易制度，建立吸引社会资本投入生态环境保护的市

场化机制。

14. 改革行业监管体制

在一般性监管之外，针对关系国计民生、国家安全与国民经济命脉的重要行业和关键领域，如金融、油气、电力、医药卫生、文化传媒、国土资源等，我国建立了行业监管体制。行业监管作为市场监管的重要组成内容，涉及行业的市场准入、投资建设、市场结构、市场秩序、产品定价、财税支持等诸多领域，改革市场监管、建立公平竞争的市场环境，要求行业监管体制与时俱进，行业监管制度和监管行为要相应调整。由于行业监管体制改革涉及面广，可先选择一些条件相对成熟、对监管改革更迫切的领域如能源、金融、医药卫生、互联网等先行进行改革。

15. 完善经济性标准机制

经济性标准主要是行业内的产品质量、技术、型号、规格等标准。导致产品质量问题突出、以次充好、企业恶性竞争严重的一个重要原因是行业性的经济性标准机制没有很好地建立起来。例如，部分行业发展较快，而标准的复审周期较长，甚至一二十年都未进行过复审修订，其适用度必然会下降，进而严重影响标准的有效性，影响行业发展。应确保经济性标准制定与更新的及时性。同时，要改革现行政府主导的标准制定机制，充分发挥行业协会和企业的力量。政府在标准形成中主要是制定方针政策和相关法律法规，从宏观层面进行管理，并对协会等机构制定的标准进行必要审查，以确保其合理性。

第二章　规范市场秩序

中共十八届三中全会在《中共中央关于全面深化改革若干重大问题的决定》中明确提出，建设统一开放、竞争有序的市场体系，是使市场在资源配置中起决定性作用的基础。为贯彻落实党中央的决策部署，国务院召开常务会议专门部署五项措施，强调继续下好简政放权先手棋，营造公平竞争环境，规范市场秩序。2014年4月23日，国务院常务会议为促进市场公平竞争维护市场正常秩序，专门部署了五项措施：一要继续放宽市场准入；二要全面清理有关法规和规章制度，坚决废除和纠正妨碍竞争、有违公平的规定和做法；三要加强生产经营等行为监管，强化市场主体责任，坚决杜绝监管的随意性；四要建立守信激励和失信惩戒机制；五要改进监管方式，整合执法资源，消除多头和重复执法。2014年7月8日，国务院印发《关于促进市场公平竞争维护市场正常秩序的若干意见》，提出了七个方面的工作任务。一是放宽市场准入。改革市场准入制度、大力减少行政审批事项、禁止变相审批、打破地区封锁和行业垄断、完善市场退出机制。二是强化市场行为监管。创新监管方式，强化生产经营者主体责任、强化依据标准监管、严厉惩处垄断行为和不正当竞争行为、强化风险管理、广泛运用科技手段实施监管，保障公平竞争。三是夯实监管信用基础。加快市场主体信用信息平台建设、建立健全守信激励和失信惩戒机制、积极促进信用信息的社会运用，营造诚实、自律、守信、互信的社会信用环境。四是改进市场监管执法。严格依法履行职责、规范市场执法行为、公开市场监管执法信息、强化执法考核和行政问责，确保依法执法、公正执法、文明执法。五是改革监管执法体制。解决多头执法、消除多层重复执法、规范和完善监管执法协作配合机制、做好市场监管执法与司法的衔接，整合优化执法资源，提高监管效能。六是健全社会监督机制。发挥行业协会商会的自律作用、发挥市场专业化服务组织的监督作用、发挥公众和舆论的监督作用，调动一切积极因素，促进市场自我管理、自我规范、自我净化。七是完善监管执法保障。及时完善相关法律规范、健全法律责任制度、加强执法队伍建设、强化执法能力保障，确保市场监管有法可依、执法必严、清正廉洁、公正为民。《意见》强调各级政府要建立健全市场监管体系建设的领导和协调机制，各地区各部门要结合实际研究出台具体方案和实施办法。要把人民群众反映强烈、关系人民群众身体健康和生命财产安全、对经济社会发展可能造成大的危害的问题放在突出位置，切实解决食品药品、生态环境、安全生产、金融服务、网络信息、电子商务、房地产等领域的问题。要加强督查，务求实效，确保各项任务和措施落实到位。

一、市场秩序监管的现状

市场秩序是由法律和规章制度加以保证的市场交易关系，包括市场进出秩序（市场主体和客体的进入或退出应符合有关规定）、市场竞争秩序（平等竞争，制止强买强卖、欺行霸市等）、市场交易秩序（交易公开化规范化等）、市场管理秩序等。公平竞争是发展市场经济的基本要求。

但现实中，市场秩序不规范仍然是我国现阶段经济生活的一个重要特点。调查问卷显示，有31.3%的企业认为当前我国经济活动中，不公平竞争现象严重。从分地区情况看，西部企业认为"竞争不公平现象严重"的比例最高，为35.1%，明显高于东部企业30.2%和中部企业30.0%的比例。其主要体现在以下几个方面：地方保护和市场分割导致企业经营成本高，竞争空间小；造假制劣、不正当竞争和侵犯知识产权等现象屡见不鲜，破坏市场秩序，使企业的创新难以获得应有收益；行业垄断普遍存在，破坏市场规则，影响企业公平竞争。总体来看，与我国的市场规模和复杂程度相比，政府对市场秩序实行有效监管的相关制度供给和监管力度都明显不足。企业建议，政府的直接干预要减少，监管能力要加强。要使市场在资源配置中起决定性作用，必须加快建设统一开放、竞争有序的市场体系，进一步规范市场秩序，这应成为改进市场监管工作的重中之重。

二、市场秩序监管现存的主要问题

1. 地方保护盛行、区域市场分割严重，产品难以打入异地市场

问卷结果显示，有 1/3 以上的企业认为地方保护严重。地方保护的第一种形式是限定对象，以行政命令或下发文件的形式，用强制手段来扶持本地企业和产品。这在新能源汽车行业非常明显，自 2010 年 5 月国家相关部门出台《关于开展私人购买新能源汽车补贴试点的通知》后，各地针对新能源汽车的补贴基本是"当地政府只补贴当地企业"，这是目前新能源汽车市场发展不理想的重要原因之一。国内各个示范城市在采购新能源汽车时，基本都从本地利益考虑，优先采购地方企业的产品。再加上近期国家相关部委规定，所有新能源车型产品，地方补贴都归车企所在地，因此不少地方政府又推出自己的地方新能源产品目录；设置不合理的条件，如维修点数量，就地建厂；内外不一致的优惠政策等。虽然地方保护的出发点是想保护新能源车辆的快速推广，但本质上看，其破坏了市场这一经济杠杆的作用，不仅阻碍了国内优秀产品的快速发展，而且在很大程度上限制了消费者的产品选择权，形成了一种保护本地落后产业的格局，不利于新能源汽车产业的健康发展，增加了成本，浪费了时间。这种地方主义尽管在小范围内保护了当地企业和政府的利益，但同样不利于当地企业走出去。有企业提到，公司的新能源汽车目前遇到的主要困难就在市场推广方面。此外，目前公交车市场存在各城市相对独立的情况，市场被分割成众多区域，而且存在一定的封闭性。没有统一的全国市场给公司的市场推广带来很多困难。

第二种形式是设置壁垒。不少地方对进入本地市场的企业实行"以投资换市场"政策，要求跨地区经营的企业必须在当地组建独立法人机构，导致企业投资分散、效率低下，同时造成重复建设、资源浪费。一个非常典型的例子是

轨道交通装备产业。近几年，各地政府几乎普遍采取了以"投资换市场"策略，要求国内城轨地铁整机制造企业到当地建厂，实现城轨地铁车辆的本地化生产。为了迎合地方政府要求，获得市场竞争优势，国内铁路装备企业均大力实施了异地建厂的营销策略。新增总投资额形成的生产能力远超过国内外市场的总需求。随着各新建基地建成投产，产能过剩情况愈发显现，企业间竞争进一步加剧，利润越来越薄。同时，各新建基地的正常运营需要较大额度的费用，物流成本变得更高，经营状况不容乐观，多数新建基地面临连续亏损局面。汽车行业，特别是新能源汽车业也有类似情况。同样，各地各行业企业都反映了类似问题。某物流企业反映，部分地方对外地物流企业设立分支机构存在较多限制，如注册资本、注册条件的要求比本地企业高，并要求提供税收数额保证等。一家从事废物回收和环境服务的企业也提到，其所在行业地方保护主义比较明显，外地企业进入困难，企业只能通过收购、合作的方式进入当地市场。另一家生产建筑节能控制系统的企业，在其竞标过程中也感受到存在地方保护行为，比如当地政府会要求设立分支机构，同时也遭遇过重复税收等问题。建筑行业也普遍存在地方保护。地区的管理部门以开展建筑业务须备案为由，要求不在其行政区域内注册的企业必须在当地设立子公司或分公司，并在当地特定银行开立专用账户，否则不予备案，不得在当地从事建筑业务。

第三种形式是特许经营成利益温床。由于目前政企不分的问题没有彻底解决，一些政府机构在行使行政管理职能的同时也直接参与营利性的生产经营性活动。这些机构为了增加部门利益，利用其"一套班子、两块牌子"的特殊身份或在市场中已具有的独占地位，实行行业垄断，限制其他企业，特别是外地企业的产品参与市场竞争。此外，受部门利益驱动，一些行政管理部门强制企业或消费者购买指定的商品或服务的行为也时有发生。例如，卫生防疫部门利用颁发卫生许可证的权力，强制要求经营者购买其指定的消毒柜、消毒液；公安消防部门限定用户购买其指定的消防器材；城市建设管理部门规定路牌广告只能由某家广告公司制作发布等现象都普遍存在。调研中，有医疗行业企业反映，其所在地回收医疗耗材的公司是垄断机构，由于每个市基本只有一家特许经营的企业，现有的相关规定也限制了跨区收购，因此它们没有选择，只能让这家机构来回收。由于垄断地位，这家回收机构的特许经营资质过期了也不在乎，严重影响了正常的市场秩序。同样，节能环保行业或者污染物处理行业完全不开放，全部是行政许可，企业不能跨地区经营，只能以省为单位取得许可，且每个省的许可互相不通用。这种现象使得资源回收、废物跨地区转移非常困难，需要得到主管部门的许可。此外，也有企业提到，气象部门委托的专门负责建筑物雷点监测的机构也是垄断部门，没有竞争，收费很高，给企业增加了很多建设上的成本。

2. 某些领域行业垄断严重，外部企业难以参与竞争

目前在一些领域，不同市场主体平等使用生产要素、公平竞争的环境还没有形成。我国经济过程中发展的大多数垄断企业是从计划经济的国家机构向企业转型过程中形成的，一定程度上是国家权力向企业的延伸和扩展。比如，计划经济时代电信、铁路、电力等部门过去都属于国家行政部门，而这些部门进入市场的时候，本身仍具有垄断地位，控制关键资源，剥夺了有活力企业的竞争空间，降低了市场经济效率。调研中，有企业提出"这些垄断企业进哪些领域，哪些领域就被破坏掉了"。

有装备制造企业反映，垄断央企聚集了大量优势资源，其全产业链发展行为破坏了行业生态，造成了大量产能过剩。该企业尽管在船舶推进系统、轨道交通电机电控系统、电动汽车电机电控系统等领域都有丰富的技术储备以及成熟的制造工艺，但这些领域下游行业的央企纷纷搞全产业链，重复投资建设了大量的零部件制造产能，挤压了那些专注零部件领域企业的生存空间，也造成了行业的产能过剩。

垄断让民企和国企同样面临准入问题。调研中，有民企提到，央企的全产业链发展的后果是其招标时会选择自己旗下的企业，哪怕其效率和质量都比其他企业差。这样的不公平竞争让相关有能力的民企拿不到资质。

3. 知识产权意识淡薄，保护不到位

知识产权保护在中国还处于发展阶段，保护意识方面略显不足。在法律上，

中国知识产权保护的条文虽然已基本完备，但保护效果不佳；在社会上，公众对知识产权保护的意识也比较薄弱。因此，企业在市场竞争过程中，遭遇侵犯知识产权的情况比较严重。问卷结果显示，有30%左右的企业认为我国的知识产权保护不到位，其中在信息传输、软件和信息技术服务业尤为严重，比例高达48.9%；制造业中有36%的企业认为知识产权保护不到位。从地区来看，东部企业中认为"知识产权保护不到位"的比例达33.1%，远超出中部27.5%和西部22.6%的比例。

多家企业反映，只要新产品面世后的很短时间内，市场就会出现同类仿制产品，公司只能不断推出新产品来维持市场份额，从而推高了研发成本。知识产权维权也存在举证难、周期长、成本高、赔偿低等问题。侵权多发和维权不力损害了企业创新的积极性。

企业认为目前行业内知识产权的保护力度偏弱，假冒伪劣行为的违法成本较低。侵权行为鉴定程序烦琐且不明确。建议有关部门在保护知识产权方面加强监督力度，成立第三方权威机构鉴定知识产权侵权行为，提高违法成本。

4. 价格战和同业恶性竞争，扰乱市场秩序

价格战导致恶性竞争是市场竞争中普遍存在的现象。在企业实地调研中，有1/3以上的企业反映这类竞争扰乱了正常的市场秩序，希望政府能加强监管，采取有效手段改变这种不良竞争状态。

从事环保行业的企业提到，该公司所处的危废处理行业起步较晚，存在大量规模小、设备简陋、技术薄弱、经营资质单一的危险废物经营企业，其主要以低成本方式在市场开展竞争，其收取的处置价格已远低于废物处置本身的成本价，从而形成恶性竞争，扰乱市场秩序，最终难以保证危险废物的合法安全处置。

有生产玻璃的企业也反映，其遵循严格的环保标准，提供脱硫脱硝的玻璃产品，但是竞争对手会以环保不达标的低价产品与其打"价格战"，使其失去竞争优势。企业建议国家在执法上应更严格，严格环保标准，对没有脱硫脱硝的企业应关闭。此外，该公司的工程玻璃也面临"价格战"压力，由于该行业属

新兴产业，新企业多，竞争激烈，"价格战"影响了企业的竞争优势。同样，调研中涉及的无论是技术含量较低的混凝土行业、国内活动板房行业、环保包装行业还是技术比较密集型的精密激光加工行业、医药行业市场竞争秩序都存在市场秩序比较混乱的现象。

企业建议，政府应该支持、扶持高质量的优质企业成长，而有部分省份就不是这样。例如，某省医药招标，造成了不公平的局面。国外原研药专利已经到期，该省还是给了它们超国民待遇，单独定价，不参与竞争，而国内企业打分标准为 90% 看价格，这样对国内企业是重大打击。

某工程机械企业提到，经过国家"四万亿元"投资的刺激，工程机械各厂商纷纷扩大产能、上技术改造项目，使得整个行业产能严重过剩。行业企业为了扩大在行业的影响力，抢占更多市场份额，开始采用一些非常规的促销手段。其从买产品抽奖送大件家用电器到送豪华轿车等奖品，直至实行按揭、融资购买产品零首付的促销措施，而且这种现象出现了愈演愈烈的态势，不仅行业中小企业参与，连一些大型知名企业也卷入其中，促销产品也从某类机种逐渐向更多机种蔓延。近两年，随着国家经济结构转型调整，投资放缓，整个工程机械行业的销售大幅下滑，加剧了行业的产品库存，去库存化又成为摆在厂商面前的难题，于是过激的政策虽有所收敛，但仍较普遍。这种低价恶性竞争模式不利于行业的健康持续发展。

三、相关建议

1. 改革市场监管体系，消除地方政府保护，建立统一开放市场

针对问卷调查中有 32.6% 的企业反映市场秩序监管的"法规体系不完善"问题，建议抓紧清理、废除各地区、各部门制定的带有地方保护、行业垄断色彩且与国家法律、法规相抵触的地方性、行政性法规与规章。

有多家企业建议国有企业应退出完全竞争领域。尽快促进政府职能转变，着力营造统一开放、公平竞争的市场环境作为干部考核的重要内容。多家铁路装备企业都建议国家应严格控制国内城轨地铁总体制造能力，不宜再继续扩能，

地铁路网规划达不到相当规模城市（区域）绝不允许再在本地建设制造基地。企业同时很担忧今后城轨动车组和新兴的低地板有轨电车产品也将由地方政府主导采购，若不尽早出台政策进行管理，也必将会重现城轨地铁多处建厂、产能过剩现象。也有企业建议，统一国内各区域的市场监管标准，可以先从统一省内不同市区之间的监管标准做起，为企业提供相对公平的竞争环境。

2. 完善竞争政策，创造公平竞争的市场环境

企业建议完善现有的竞争政策，打破行业垄断。按照国家《反垄断法》的要求，加强反垄断执法监管，培育市场竞争文化，促使相关企业和市场主体自觉规范经营行为，维护社会主义市场经济秩序。进一步探索深化国有企业改革，规范行政性垄断企业的经营，反对全产业链竞争。针对问卷调查中有近40%的企业反映"不同所有制企业在融资、享受政府政策、获取土地等方面不公平"，建议国家应该继续完善和落实有关政策，为各类市场主体依法平等使用生产要素、公开公平公正参与市场竞争、同等受到法律保护提供支持；建议完善公平竞争的法律体系，用法律法规和必要的制度安排保障各类市场主体公平竞争。

3. 鼓励技术创新，保护知识产权，积极引导企业从价格竞争向技术创新竞争转变

建议国家应积极引导企业理性投资，鼓励企业技术创新。有企业建议行业协会要进一步加强对产能对市场数据的公布，有利于减少盲目上项目，遏制产能过剩的趋势，提高行业整体产能利用率；此外，出台相关政策，鼓励企业技术创新，提高竞争能力让企业从恶性的价格竞争转到良性的技术创新竞争上来，推动整个产业的转型升级。问卷调查中，有48.4%的企业建议要提高知识产权的保护力度。健全技术创新机制，探索建立知识产权法院。企业建议成立第三方权威机构鉴定知识产权侵权行为，提高违法成本。引导我国企业在市场上的竞争真正地从价格驱动的竞争转向创新驱动的竞争。

4. 充分发挥行业协会和第三方中介机构监管功能

调查问卷显示，有65%的企业建议要发挥行业组织作用，加强行业自律监管是完善市场竞争秩序的重要措施。要充分发挥国家及地方协会组织的作用，通过发挥行业自律的职能，继续制定和不断完善行业职业道德准则和行规行约，监督会员企业执行，其中包括媒体监督；通过开展行业信用评价来形成行业内的诚信褒扬和失信惩戒的信用约束机制。同时，培育一些第三方中介机构，发挥其在市场秩序监管方面的积极作用。

第三章　放宽市场准入

　　中共十八届三中全会的《中共中央关于全面深化改革若干重大问题的决定》中明确提出，要实行统一的市场准入制度，在制定负面清单基础上，各类市场主体可依法平等进入清单之外领域。这是建立公开透明的市场规则、营造各类企业平等竞争市场环境的重要任务。近期国务院常务会议在为促进市场公平竞争维护市场正常秩序部署的五项措施中，第一条就明确提出要继续放宽市场准入。要加快推进探索负面清单管理模式和建立权力清单制度。政府应以清单方式明确列出禁止和限制投资经营的行业、领域和业务等，对清单以外的，各类主体均可依法平等进入。严禁将审批事项转为有偿中介服务。国务院印发的《关于促进市场公平竞争维护市场正常秩序的若干意见》中指出"凡是市场主体基于自愿的投资经营和民商事行为，只要不属于法律法规禁止进入的领域，不损害第三方利益、社会公共利益和国家安全，政府不得限制进入"，并明确要求各级政府及相关部委落实以下工作：第一，打破地区封锁和行业垄断。对各级政府和部门涉及市场准入、经营行为规范的法规、规章和规定进行全面清理，废除妨碍全国统一市场和公平竞争的规定和做法，纠正违反法律法规实行优惠政策招商的行为，纠正违反法律法规对外地产品或者服务设定歧视性准入条件及收费项目、规定歧视性价格及购买指定的产品、服务等行为。对公用事业和重要公共基础设施领域实行特许经营等方式，引入竞争机制，放开自然垄断行业竞争性业务。第二，改革市场准入制度，制定市场准入负面清单，国务院以清单方式明确列出禁止和限制投资经营的行业、领域、业务等，清单以外的，各类市场主体皆可依法平等进入；地方政府需进行个别调整的，由省级政府报经国务院批准。完善节能节地节水、环境、技术、安全等市场准入标准。探索对外商投资实行准入前国民待遇加负面清单的管理模式。

一、市场准入环境现状

市场准入制度是国家对市场主体资格的确立、审核和认可所制定和实行的法律制度，是国家对市场经济活动基本的、初始的管理制度，是国家管理经济职能的重要组成部分。

市场准入作为一个标准，显示着一个国家和地区市场的开放程度。市场准入制度合理与否的一个重要标准是统一性，即除一些涉及国家安全、国民经济命脉的战略产业和关键领域外，是否对各类企业一视同仁。企业只有按照统一的资格条件进入市场，才有可能使经济运行的微观主体遵循普遍性的行为规范，为市场体系的统一性奠定坚实基础；才有可能真正保证各种所有制经济依法平等使用生产要素、公开公平公正参与市场竞争，同等受到法律保护，最大限度地调动一切积极因素推动我国社会经济的可持续发展。

当前，我国市场准入制度缺乏统一性的一个重要表现是，实行以正面清单为基础、以行政许可为主导的市场准入制度，即把允许进入的领域都列在清单上面，没有列入清单的领域或项目，则不允许进入。另一个重要表现是，民间资本进入金融、石油、电力、铁路、电信、资源开发、公用事业等领域存在隐性的市场准入障碍。尽管近年来国家已经出台了一系列放宽民间投资市场准入的政策，但政策的原则性、导向性大于可操作性，民间投资进入上述行业仍面临种种隐性障碍。

贯彻落实全面深化改革、推进政府职能转变的新要求，中央各部委和地方政府已相继出台一些政策，从自身职能角度出发，改革市场准入制度，促进市场要素的有序自由流动、资源高效配置和市场的深度融合。

2013 年 9 月 29 日，上海自由贸易区正式挂牌试点，首次在我国经济管理领域推行"负面清单"制度。《中国（上海）自由贸易试验区外商投资准入特别管理措施（负面清单）（2013 年）》中，列明中国（上海）自由贸易试验区内对外商投资项目和设立外商投资企业采取的与国民待遇等不符的准入措施。对负面清单之外的领域，将外商投资项目由核准制改为备案制（国务院规定对国内投资项目保留核准的除外）；将外商投资企业合同章程审批改为备案管理。这是放宽外商市场准入门槛的重要一步。

2014 年 5 月 18 日，国家发展与改革委员会发布《关于首批基础设施等领域鼓励社会投资项目的通知》（发改基础〔2014〕981 号），要求首批推出 80 个鼓励社会资本参与建设营运的示范项目要加快进程。这 80 个项目涵盖铁路、公路、港口等交通基础设施，新一代信息基础设施，重大水电、风电、光伏发电等清洁能源工程，油气管网及储气设施，现代煤化工和石化产业基地等方面，鼓励和吸引社会资本特别是民间投资以合资、独资、特许经营等方式参与建设及营运。另外，《通知》还专门提到，"对于 80 个项目之外的符合规划布局要求、有利转型升级的基础设施等领域项目，也要加快推进向社会资本特别是民间投资开放"。

中国银行业监督管理委员会（以下简称"银监会"）于 2014 年 6 月 23 日发布《关于推进简政放权改进市场准入工作有关事项的通知》。《通知》规定，为尽可能给申请人提供便利，在正式受理机构准入事项前，各准入审核部门应充分与申请人沟通并进行前期辅导，在辅导阶段认为不具可行性的事项，应将意见直接告知申请人，以提升监管工作效率，提高监管服务水平。

国家外汇管理局于 2014 年 6 月 25 日发布《国家外汇管理局关于印发的通知》称，将自 2014 年 8 月 1 日起简化外汇衍生产品业务市场准入管理，降低外汇期权业务的准入门槛。

二、市场准入环境现存的主要问题

1. 部分行业的市场准入审批和监管部门较多，存在多头、交叉管理，行政效率低

调研中，企业反映所在行业涉及市场准入审批和监管部门较多，资质认证名目繁多。根据调查问卷，65.7%的企业所在行业存在来自政府部门规定的准

入门槛。有企业需办理的各类许可超过 30 个。如深圳一家从事废物管理和环境服务的高科技环保企业，其所在行业的准入许可达 40 多种。经营危险废物处理需取得省级及以上环保部门颁发的《危险废物经营许可证》，收集运输危险废物需取得市级交通管理部门颁发的《道路危险货物运输许可证》，从危险废物中综合利用生产出的产品大部分属于危险化学品如硫酸铜，需办理《危险化学品安全生产许可证》，如此类产品进入饲料行业，还需在农业部办理《饲料和饲料添加剂产品生产许可证》，部分危险化学品还需在技术监督部门办理《工业产品生产许可证》。许可证审批耗时长、门槛高，一般须两三年，危险废物项目许可证更是要 5 年，不符合现实危险废物处理需求。危险废物经营许可、危化品许可证等资质，还要求建设专业工业园区。备案审批管理繁杂，国家与地方重复备案，不同地区之间，市级、县级管理机构之间都需要重复备案。

汽车行业生产准入更是涉及多重审核，如产品认证需要工信部审批、3C 认证需要上报质监局、环保认证需要上报环保部，出口还需要认证。有些认证内容重复，且同一审核部门历次审核的基础资料重复。起重机产品准入门槛包括工信部的产品公告管理；国家环保部的国家环保目录；北京环保局的北京环保目录；质检总局的特种设备许可；国家相关标准认证，如满足 T19001、ISO9001 等相关标准；CQC 的 3C 认证；交通部的特种车型燃油消耗达标目录；税务总局的应税车辆价格信息目录。准入门槛设置较多，且各部委监管角度不一，有些准入要求很难落到实处。

医药行业，市场准入门槛涉及 GMP（Good Manufacture Practice，《药品生产质量管理规范》）、GSP（Good Supply Practice，《药品经营质量管理规范》）、GLP（Good Laboratory Practice of Drug，《药品非临床研究质量管理规范》）、GAP（Good Agricultural Practices，《中药材生产质量管理规范（试行）》）等各类认证，销售方面涉及医保目录、基本药物目录，同时各省还有自己的招标标准。

2. 部分外部性市场准入标准，如节能节地节水、安全、质量、环境、技术等落后于我国发展阶段，且执行不严，有的还受地方保护干扰

有钢铁企业反映，对于螺纹钢抗拉强度标准，我国是 400 兆帕，远低于发达国家 500 兆帕的标准，这样的一个后果是同样安全性的建筑要消耗更多的钢材。也有建筑企业反映，我国建筑能耗为同等气候条件发达国家的 2~3 倍，每年 20 亿平方米新建筑将使未来几十年背上高能耗的包袱。另一家企业也提到，其所处的轴承行业的标准过低，大约 80%的业内企业都可以达到，难以起到淘汰落后的作用，而且导致产能过剩，造成资源浪费。比如，我国车用轴承的使用寿命仅为 10 万公里，远远低于欧洲 20 万公里的标准。

3. 部分行业高度垄断，不同所有制企业在准入上差别待遇

调研中，企业反映石油、铁路、电网等领域高度垄断，不仅是民企，其他国企也很难进入。企业反映，公司电力产品技术进入国家电网和地方电网客户很难，电网公司自己投资生产制造企业。能源、电力行业鼓励民营企业进入，民营企业获准进入资源开采上游，参与下游管网和储运设施建设，也可参与电厂和电网投资和建设。但现实中，由于上下游存在垄断和政策歧视，民营企业根本不具备议价能力，也很难获得专门资质。航空业领域，民营企业虽然已经获得市场准入，但与之相关的航油到航材的市场并没有放开，又限制飞行员的市场流动，形成了市场的实质进入壁垒。

三、企业对改善市场准入环境的意见建议

1. 清理和取消不必要的市场准入审批许可和资质认证，借鉴国外自愿认证做法

建议只对于涉及国民经济安全的特殊行业设定准入审批程序，并规范前置审批程序，明确准入条件。建议效仿国外采用自愿认证、准入的办法，只保留工信部等少数强制认证，其他采用自愿认证、自我声明的做法，加强行业自律。例如，信息传输、软件和信息技术服务业涉及信息系统集成资质、软件企业认证等从业门槛，企业建议取消信息系统集成资质官方认证，认证造成了企

业之间竞争不公平。企业认为国家对部分产品，如专用作业车、消防车、超限车、特种作业底盘等准入门槛较高，对生产地址控制严格，有必要修改或取消。修改企业标准的备案制度，除涉及特种设备制造许可、工业产品生产许可证之外的产品，其他企业标准可不进行备案。

2. 强化节能节地节水、安全、质量、环保、卫生等外部性技术标准，严格监督执行

政府在监管上强化事前准入审批，而忽略外部性标准规范，往往以限制或禁止准入的途径来调整产业结构。实际上"标准"对产业和企业的水平起着引领和支撑作用，引导规范产业发展应当由国家强制性标准来约束。因此，有必要修改制定全国统一标准，强化外部性指标。提高某些行业的市场准入门槛，包括产能过剩行业、关系国计民生行业（食品药品、饮料、餐饮等），减少行业低端无序竞争的情况。

3. 针对各类市场主体制定统一的投资准入负面清单制度，创造公平开放透明的竞争环境

建议制定统一的投资准入负面清单制度，明确禁止和限制类项目，其余一律放开经营。860 份有效调研问卷中，87.7%的企业认为针对国内企业的市场准入可采用负面清单制度。负面清单列举以外的项目，取消前置审批，限制类项目保留审批。建议修改现行《政府核准的投资项目目录》、《国家固定资产投资指导目录》、《外商投资产业指导目录》、《外商投资产业调整目录》和《产业结构调整指导目录》等一系列指导目录，制定统一的企业投资准入负面清单。修改配套制度和规定，包括《公司法》、《公司登记管理条例》等相关法律法规、企业工商注册登记制度、相应的行政审批制度等。有必要成立专门的监督协调机构，制定实施细则，推动负面清单制度落实，对相关管理部门放开准入的进度、程度进行跟进和评估。

第四章　改革商事制度

中共十八届三中全会在《中共中央关于全面深化改革若干重大问题的决定》中明确提出，建立公平开放透明的市场规则，推进工商注册制度便利化，削减资质认定项目，由先证后照改为先照后证，把注册资本实缴登记制度逐步改为认缴登记制。建设法治化营商环境。作为规范市场主体经济活动的重要保障，良好的商事管理制度有利于优化营商环境，激发各类市场主体的创造活力，增强经济发展动力。国务院印发的《关于促进市场公平竞争维护市场正常秩序的若干意见》明确要求各级政府及相关部委落实以下工作：第一，大力减少行政审批事项。投资审批、生产经营活动审批、资质资格许可和认定、评比达标表彰、评估等，要严格按照行政许可法和国务院规定的程序设定；凡违反规定程序设定的应一律取消。放开竞争性环节价格。省级人民政府设定临时性的行政许可，要严格限定在控制危险、配置有限公共资源和提供特定信誉、身份、证明的事项，并须依照法定程序设定。对现有行政审批前置环节的技术审查、评估、鉴证、咨询等有偿中介服务事项进行全面清理，能取消的尽快予以取消；确需保留的，要规范时限和收费，并向社会公示。第二，建立健全政务中心和网上办事大厅，集中办理行政审批，实行一个部门一个窗口对外，一级地方政府"一站式"服务，减少环节，提高效率。第三，禁止变相审批。严禁违法设定行政许可、增加行政许可条件和程序；严禁以备案、登记、注册、年检、监制、认定、认证、审定、指定、配号、换证等形式或者以非行政许可审批名义变相设定行政许可；严禁借实施行政审批变相收费或者违法设定收费项目；严禁将属于行政审批的事项转为中介服务事项，搞变相审批、有偿服务；严禁以加强事中事后监管为名，变相恢复、上收已取消和下放的行政审批项目。第四，改革工商登记制度，推进工商注册制度便利化，大力减少前置审批，由先证后照改为先照后证。简化手续，缩短时限，鼓励探索实行工商营业执照、组织机构代码证和税务登记证"三证合一"登记制度。第五，完善市场退出机制。对于违反法律法规禁止性规定的市场主体，对于达不到节能环保、安全生产、食品、药品、工程质量等强制性标准的市场主体，应当依法予以取缔，吊销相关证照。严格执行上市公司退市制度，完善企业破产制度，优化破产重整、和解、托管、清算等规则和程序，强化债务人的破产清算义务，推行竞争性选任破产管理人的办法，探索对资产数额不大、经营地域不广或者特定小微企业实行简易破产程序。简化和完善企业注销流程，试行对个体工商户、未开业企业以及无债权债务企业实行简易注销程序。

一、商事管理制度的现状

商事管理是指为建立和维护市场经济秩序，国家通过特设的行政管理机构，对市场主体及其市场经济活动，从企业设立、变更到注销的"由生到死"过程，依法进行管理与监督的制度安排。我国商事管理制度运行30多年来，积极探索建立与社会主义市场经济体制相适应的商事管理新体制、新规则和新模式，实现从主要服务于计划经济转到服务于社会主义市场经济，从侧重于监督管理集贸市场转到监督管理社会主义统一大市场，从局限于国内传统的监督管理方式转到国际通用的监督管理方式，从侧重于具体业务管理转到运用法律和行政的手段进行宏观监督管理等各项重大转变。商事管理制度改革的重要性在于商事管理的制度理念、制度设计及治理方式都深刻而宽广地影响着我国社会的动员效率、参与规模和治理成果。

实行注册资本登记制度改革是2013年我国商事管理制度的一项重要改革措施。中共十八届二中全会作出了改革工商登记制度的决定。中共十八届三中全会在《中共中央关于全面深化改革若干重大问题的决定》中强调，要推进工商注册制度便利化，削减资质认定项目，由先证后照改为先照后证。2014年2月

7 日，国务院印发了《注册资本登记制度改革方案》（国发〔2014〕7 号文，以下简称"改革方案"）。改革方案决定推行注册资本登记制度改革，按照便捷高效、规范统一、宽进严管的原则，推进公司注册资本及其他登记事项改革，推进配套监管制度改革，健全完善现代企业制度，服务经济社会持续健康发展。改革方案在放松市场主体准入管制，切实优化营商环境方面提出三点重要措施：

1. 实行注册资本认缴登记制

对于放宽注册资本登记条件，改革方案提到"除法律、行政法规以及国务院决定对特定行业注册资本最低限额另有规定的外，不再限制公司设立时全体股东（发起人）的首次出资比例，不再限制公司全体股东（发起人）的货币出资金额占注册资本的比例，不再规定公司股东（发起人）缴足出资的期限。"这一项改革措施带动了全国新登记注册市场主体持续快速增长。2014 年 3~5月，全国共新登记注册市场主体 320.14 万户，同比增长 25.83%，注册资本（金）总额 5.32 万亿元，同比增长 99.78%。其中，2014 年 5 月新登记注册市场主体 114.46 万户，同比增长 28.59%，注册资本（金）总额 1.83 万亿元，同比增长 55.26%。同时，也促进了产业结构持续优化。改革实施 3 个多月来，全国新增市场主体主要集中于第三产业。新增企业中私营企业增长显著，为 87.84万户，同比增长 78.31%，新增注册资本（金）3.78 万亿元，同比增长 2.25 倍。改革实施 3 个月以来，并没有大量出现人们之前担心的登记注册随意性问题。工商总局数据显示，2014 年 3 月全国新登记企业注册资本主要集中在 1000 万元以下规模段，企业数量占比将近 90%，其中注册资本最少的是 1 元，只占新登记企业总数的 0.02%，仅有 59 家。这也标志着我国营商环境的自由度与包容性大大增加。

2. 改革年度检验验照制度

将企业年检制度改为企业年度报告公示制度是企业监管制度的重大创新。企业年度检验是企业登记机关依法按年度根据企业提交的年检材料，对与企业登记事项有关的情况进行定期检查的监督管理制度。随着我国经济管理体制转型，企业年度检验制度在监督管理中的弊端不断显现。注册资本登记制度改革后，随着企业登记条件随之放宽，企业数量势必大幅增加，继续沿用原有的管理方式难以适应"宽进严管"的要求。

改革方案将现行企业年检制度改为企业年报公示制度，一方面，充分借助信息化技术手段，采取网上申报的方式，便于企业按时申报；另一方面，强化企业的义务，要求其向社会公示年报信息，供社会公众查询。任何单位和个人都可在市场主体信用信息公示系统上查询企业的有关信息。同时，既减轻了企业的负担，又增强了企业披露信息的主动性，增强了企业对社会负责的意识。这有利于社会公众了解企业情况，促进企业自律和社会共治，维护良好的市场秩序。

改革方案将年度报告公示作为企业的一项法定义务。企业每年在规定期限内通过市场主体信用信息公示系统向工商行政管理机关报送年度报告，并向社会公示，供社会公众查询，企业对年度报告的真实性、合法性负责，这为政府相关部门有效采集和社会公众查询企业真实状况奠定了基础。工商行政管理机关通过抽查的方式对企业年度报告公示的内容进行监管，将未按规定报送公示年度报告的企业载入经营异常名录，以信用监管方式取代行政处罚方式，达到引导企业规范经营的目的。对于经检查发现企业年度报告隐瞒真实情况、弄虚作假的，和对未按规定报送公示年度报告而被载入经营异常名录或"黑名单"的企业，工商行政管理机关将企业法定代表人、负责人等信息通报公安、财政、海关、税务等有关部门，各有关部门采取相关信用约束措施，从而更有效地监管企业，促进其诚信守法经营。

3. 简化住所（经营场所）登记手续

申请人提交场所合法使用证明即可予以登记。企业住所登记的功能主要是公示企业法定的送达地和确定企业司法和行政管辖地，而经营场所是企业实际从事经营活动的机构所在地。随着我国经济快速发展和社会投资热情的高涨，住所（经营场所）资源日益成为投资创业的制约因素之一。现实中，很多企业，特别是小微企业、初创企业、新业态等，对住所（经营场所）的要求很低。由各地根据本地区实际，简化登记手续，有利于释放场地资源，方便市场主体准入。中国区域经济发展不平衡，对城市管理的要求也不同，因此对住所（经营场所）的条件不能"一刀切"，作出统一规定，而是由地方人民政府按照既要方便注册，又要保障社会经济生活规范有序的原则，作出具体规定。

在住所（经营场所）规范管理方面，需进一步落实政府各职能部门的协同监管责任。住所的规范管理是一个复杂的社会管理问题，涉及多个职能部门。一方面，市场主体要求放宽住所登记条件，根据其生产经营情况自主选择住所；另一方面，出于社会治理的需要，并非任何场所都可以注册为住所，例如注册登记的住所是违章建筑或危险建筑，就可能造成住所的合法性问题和严重的安全隐患；注册登记的住所是民用住宅的，经营者的经营活动可能扰乱邻里生活，造成民事纠纷。在现行的工商登记制度下，规划、环保、消防、卫生、建筑质量等许多管理功能被融入到市场主体的住所登记监管中，客观上导致各职能部门职责不清，监管真空的现象时有发生。制度设计的矛盾导致办公场地资源不能在市场经济中合理有效配置，降低了市场准入的效率。

4. 推行电子营业执照和全程电子化登记管理

电子营业执照是依照国家有关行政和技术法规由行政管理部门颁发的法律电子证件，公开性更强，信息量更多，作用更大，具备登记注册全程电子化、网上申请、网上发放、网上识别等功能；在发给申请人营业执照的同时通过市场主体信用信息系统向社会公示告知，申请者在领到电子营业执照的同时，其他市场主体和社会成员可以在网上看到同一个执照；看到营业执照就可以看到持照者的基础信息和最新的应公示信息；发照机关依法吊销电子营业执照通过相应的操作，在通知持照者的同时向社会公示告知该营业执照失去法律效力，或者在网上将该执照注销。

2013年，广州、东莞作为全城电子化网上登记改革试点，实现申请人足不出户就可以完成登记、注册、年检的业务。推行全程电子化网上登记、为企业颁发电子化营业执照。新企业登记注册最快可在1小时内拿到工商牌照。电子营业执照的推出，具备电子身份证明、信息查询及网络监管等功能，进一步提高了市场主体商事管理的信息化、便利化、规范化。2013年6月18

日，东莞市松山湖高新技术产业开发区举行东莞市电子营业执照应用平台启动仪式，并发出中国首张电子营业执照，标志着我国的商事登记制度改革取得新突破。

二、商事管理环境现存的主要问题

1. 商事改革进程和标准各地不一致，信息披露不充分

调研发现，深圳地区推行商事登记改革之后，企业反映最快当天就可以拿到营业执照。深圳目前已率先采取网上注册和电子营业执照，给企业带来了很大的便利。但有不少企业反映当涉及法律诉讼时，由于打印电子营业执照、年检报告等没有公章，异地法院不认可其效力。同时，由于全国工商信息尚未实现全国联网，导致信息查询难、收费高。

也有部分地区企业反映目前登记手续仍较繁杂，程序不透明，信息披露不够充分，公司办理相关手续需要往返多次才能备齐全部所需材料。工商注册周期长，仅公司名称审核就需 7 天之久，涉及行业经营许可，注册难、拿证难，从设立到开业一般要半年时间。例如，有家民营旅游企业，反映虽然母公司已取得相关演艺资质，但在异地设立分公司还需要重新申请审批取得资质（艺术经营许可证），异地工商管理部门需重新审批，程序烦琐。

有关公司注册登记的部门规定存在冲突，仍需改进。例如有医疗企业反映，卫生部门关于医疗机构管理的规定与《公司法》规定相冲突。依据卫生部规定，医疗机构的科室设置数目与注册资本挂钩，且注册资本必须一次性到位。按照《公司法》规定，注册资本可分批出资到位，但地方卫生部门认为实收资本达不到规定数额就不能设置相应科室。卫生部门向公司颁发的医疗机构执业许可证显示公司为检测中心或检验所，但是工商部门认为公司名称只能以有限公司或股份公司结尾，与医疗部门颁发的许可证产生矛盾。这些部门规章制度之间的矛盾增加了企业经营活动的成本。

2. 企业变更程序较为烦琐

企业所有基本信息的变更都需要经过审批，相应更换营业执照。例如，经

营范围每变更一次，营业执照都要相应审批变更，公司章程也需要变更。有企业反映，上市公司实施股权激励，若出现激励对象离职，需要注销其已获授的限制性股票，并做减资的工商变更登记。工商变更前，需要会计师事务所进行相关验资并出具验资报告。有时 1 年内有多个激励对象离职，公司需要多次出具验资报告，运营成本增加。

工商迁移手续复杂。一家合资公司反映，办理工商跨区迁移手续历经 47 个工作日。需要先填写注销、迁移审批单，包括填写企业的基本情况、迁移原因，并经区发展和改革局、经济发展局、规划和国土资源局、房产局、国税局、地税局、财政局、工商局等 9 个相关审批部门审核，并由各局局长签字并加盖公章，最终由区管委会主任签字批准才可办理迁移手续。尽管深圳实行商事改革，企业变更材料可以通过网上审核通过，但企业反映领取执照的时间仍然较长，有时变更后要 1 个多月才能在网站查询到最新变更信息。

3. 欠缺全国统一的经营许可审批目录，各地各部门审批要求不一，后续到期换证效率较低

工商"先照后证"改革之后，企业可以先取得营业执照，再办理经营许可项目。但如果企业未能顺利拿到各种"证"，则仍不能开展经营活动。仅仅调换"照"和"证"办理顺序，仍难解决实际问题，因此还需要清理企业经营许可审批事项。

目前我国缺乏统一的企业注册登记经营许可目录，除 2004 年国家工商总局企业注册处汇编的《企业登记前置许可目录》外，各地方也都自行出台许可目录。调研企业反映的主要问题是：审批项目无统一目录可供参考；经营许可审批环节多、时限长；部分行政许可项目及操作缺乏明确指引；一些行政许可审批项目文本格式无统一规范；各类经营许可审批项目时效差异较大。上述问题造成某些地方主管部门、办事人员对哪些行业需要审批掌握不准。工商部门与其他审批部门间的审批手续、文件格式不明确，经营审批部门核定的经营范围有些与工商部门登记用国民经济目录中表述不同。此外，企业规模不同，审批要求也不同，企业有时无从了解由哪级管理部门审批。

企业变更也涉及许可审批，较为烦琐。例如，有家企业反映，涉及经营范围变更时，仅是增加产品种类，但还需要办理环评手续，大大延长了办理时间。某钢铁企业把部分危化资产由集团公司划分到股份公司，向政府主管部门提交安全生产许可证变更材料，主管部门审查后要求股份公司按企业拆分程序，重新进行安全评价。企业认为其生产场地和生产工艺等均未发生任何变化，且仍在许可证有效期内，属企业内部资产调整，不应适用企业拆分重新评估程序。

试行先照后证制度给企业带来了便利。但仍有多家企业反映，环保前置审批时间长，标准较严格，通常半年时间才能批下来且收费较高。

部分经营许可和资质也涉及年检、到期换证问题。有的公司反映，资质和许可证的年审效率较低。有企业提到，公司在办理港口设施保安符合证书、危险货物港口作业认可证年审时，审批期限不明确，经常被拖到临近证件到期日或过期才能办理完成。

4. 外资企业设立、变更程序复杂，审批环节多、周期长

外资企业设立的前置审批涉及贸工、商务、外汇、环保等部门。贸工局批文、商务主管部门审查批准并颁发证书、外汇管理局核准后，生产类项目还需有环保部门的前置审批，全部审批下来通常需要 6 个月时间，审批流程多、时限长，需要提交的材料多。

外资企业的变更也较为复杂。例如，某家企业的外资股占比低于 25%，公司资本金转增股本涉及区外经贸局、市外经贸局、省外管局审批，最后再到工商部门办理新的营业执照，整个过程需耗时半年。公司想要成立境内、境外子公司，也都要走相同的流程，对于公司业务扩张而言存在诸多障碍。为简化审批程序，公司想转为内资公司，可是监管部门不同意，也并未说明原因。

外商投资企业变更经营范围仍需外商投资管理部门的审批。深圳改革之后，商事主体的经营范围不再作为登记事项，但外商投资企业变更经营范围仍需外商投资管理部门的审批。办理工商变更要经市经信委前置审批，再办理工商变更。为应付两部门重复审批，企业需要提供重复资料。有些还需要涉及外商所在国家或地区认证、公证，程序更加复杂。

5. 企业正常注销要经多部门审批，程序烦琐、周期长

调研企业普遍反映，企业正常注销要经历多部门前置串联审批，程序烦琐、周期长。企业注销须经全体股东同意，先后经历清算组备案、公示、国税注销、地税注销、海关进出口许可证或登记证注销、工商、质检部门代码证注销、公安等近 10 道程序。有企业反映，企业注销先办理国税注销，再办理地税注销，注销地税时地税部门要求提供国税纳税证明，但注销国税后根本无法提供纳税证明，税务部门的管理缺乏对接。外资企业注销还涉及商务部门、外汇管理局等，一般需 1 年时间。实践中很多企业宁愿按照法律规定连续两年不年审而被工商吊销营业执照，也不选择正常注销程序。

6. 企业破产难，尤其是国企退出程序烦琐，破产重组审批程序多，规则不清

2007 年新《破产法》颁布实施以来，国内的破产案件数量不升反降，全国法院每年受理审理的破产案件仅 3000 余件，近两年来甚至徘徊在 2000 件左右。调研显示，63.8% 的企业认为破产是让落后企业退出市场的更好方式，但所属企业涉及破产清算的仅占 4.8%。

企业破产渠道不畅的主要原因在于政府过多行政干预和相关法律不完备。不少企业亏损严重，已达到破产标准，但由于职工安置包袱太重，特别是制造业企业的职工多、摊子大，安置起来更为困难。对于企业破产，政府一般都参与干预。特别是对于生产领域的企业破产，政府更是慎重。在目前的用工制度下，企业退出受制于人员安置压力，导致清算资产大部分用于人员安置，有的企业甚至因此血本无归，给企业退出带来障碍。《破产法》的相关规定缺乏实施细则。企业反映破产清算平均耗时 1 年半，甚至更长。问卷调查结果显示，其总平均耗时 157 个工作日，最多 1000 个工作日。上海某上市公司申请破产重组，前后花了 3 年多时间。

也有国有企业反映，产权转让退出程序烦琐，负担过重。一个正常国有参股企业转让退出，涉及审计、资产评估、律师、产权经纪等中介机构，经历评估备案、进场交易、挂牌、转让等环节，一般耗时半年。遇到产权瑕疵、交叉持股等状况，历时 3~4 年的案例比比皆是，导致很多企业不得不任由国有资产贬值。有的股权转让退出，涉及职工安置，还需要经过职工代表大会通过，导致退出困难重重。

上市公司破产重整审批程序多，规则不清。目前债权人欲申请上市公司破产重整，或是上市公司自行申请破产重组审批程序太复杂。一般遵循的程序是，先取得上市公司所在地的地方政府同意，再由地方政府致函证监会，表示同意破产重整；证监会如无异议，则致函最高人民法院，最高人民法院审查后，再通知上市公司所在地的地方法院受理。上述程序类似于行政审批程序，但缺乏具体的法律、行政法规的规定。然而，实践中企业都是按照上述既定惯例操作。上市公司的破产重整和重大资产重组往往互为目的、互为手段，但重大资产重组需要证监会的行政审批，而破产重整程序是法院主导，实践中经常发生司法权力和行政权力的冲突。

三、企业对改善商事管理环境的意见建议

1. "先照后证"改革的同时有必要清理企业设立的经营许可审批事项，统一许可目录，提高行政效率

一是梳理现行的各地许可目录，取消不必要的前置许可项目。由工商总局制定全国统一的《企业登记前置许可目录》，确保全国各级工商登记机关登记执法有规可循。明确审批事项、细则及办理指引，公示审批流程及进度，提高透明度和行政效率。

二是优化商务部门对外商投资企业前置审批事项，推广负面清单制度，设立登记的，保留限制类审批；变更登记的，除涉及增加限制类的经营项目外，取消商务部门审批。

2. 推行工商营业执照、组织机构代码证、税务登记证三证合一登记制度

一是实现三证在一个窗口综合办理，避免在工商、质检和税务部门间重复提交材料，减少重复审批，真正实现企业和监管部门"双减负"。在中国香港地

区，公司工商登记与税务登记即由公司注册处与税局合并一起完成。

二是由工商部门牵头，将营业执照、组织机构代码证、税务登记证、进出口权的办理等流程联网，共享信息，减少企业注册的环节和需要反复填报的内容。

3. 建立全国统一的商事主体基本信息查询系统，对违法违规经营企业适用黑名单制度，公示商事主体经营异常名录

一是建立全国统一的商事主体基本信息查询系统，完善商事主体登记许可及信用信息公示平台。目前，北京市可以通过北京工商局企业信用信息网查询到相关企业信息；深圳市建立了商事主体登记及备案信息查询单，可以查询到所有企业的基本信息、许可经营信息、股东信息、成员信息、变更信息、股权质押信息、动产抵押信息、法院冻结信息和经营异常信息。企业反映信息比较详细、更新及时，信息披露规范，应建立健全全国统一的商事主体基本信息查询系统。

二是对违法违规经营的企业适用黑名单制度，公示商事主体经营异常名录。在 860 份有效问卷中，有 91.2% 的企业认为，为强化诚信规范管理对违规企业采用的"黑名单制度"有效。下一步应当加大约束力度，如试行扣分、信用评级，将经营异常信息与企业融资、享受优惠政策等直接挂钩，并明确相关机制。实现工商与税务等相关主管部门信息联网，将企业欠税、逃税等行为也列入经营异常事项。为强化黑名单的约束力，86.7% 的企业认为黑名单应与税务优惠挂钩，82.3% 的企业认为应与直接融资挂钩，81.4% 的企业认为应与银行信贷挂钩，78.1% 的企业认为应与享受政府财政补贴挂钩，69.4% 的企业认为应与申请国家项目挂钩。为建立完善的"黑名单制度"，94% 的企业认为要有明确标准，并向社会公布；86.4% 的企业认为要有申诉机制，提供渠道；83.6% 的企业认为要有合理的期限规定，给企业以改进的机会；80.3% 的企业认为应加强对监管机构的约束，防止滥用职权，侵害企业权益；75.1% 的企业认为应建立评估恢复机制及相关条件。

4. 简化企业注销流程，建立"一站式"退出通道

改革现有企业注销程序。效仿工商注册登记改革的做法，建立"一站式"快速服务通道，合并办理相关程序，统一办理注销程序。

5. 修改完善《破产法》、出台上市公司破产重整具体规定，明确破产重整、清算相关规则和程序

一是确立破产重整申请的实质审查制，明确破产重整制度中法院正常批准重整计划草案的条件、限定强制批准重整计划的法定条件和审批规程，避免地方政府出于利益保护干预司法，规范和完善债务人重整信息披露义务，接受社会监督等。建议中国证监会和最高人民法院尽快出台上市公司破产重整的具体规定，协调司法权力和行政权力，避免冲突。

二是补充完善针对国有产权退出或调整的国有企业产权管理特别规定，出台具体操作指引，完善重组制度。建议针对国有企业制定退出或调整的特别规定，运用法律手段，明确公司、债权人、股东各方的权利义务关系，为企业提供强有力的法律保障。

第五章　完善融资环境

企业的外部融资环境一般包括直接融资和间接融资两大类。关注融资环境变化，有助于企业寻找适合自己的融资战略。目前，企业融资环境仍存在审批多、耗时长、成本高、结构不合理等特点，充分发挥市场配置资源的基础性作用，加强金融对经济结构调整和转型升级的支持作用，提升金融政策与财政政策、产业政策的协同作用仍有较大的改善空间。

一、企业融资环境的现状

社会融资规模在反映资金是否紧张方面有说服力。据中国人民银行公布的《2013年社会融资规模统计数据报告》显示，2013年全年社会融资规模为17.29万亿元，比2012年多1.53万亿元。其中，人民币贷款增加8.89万亿元，同比多增6879亿元（占同期社会融资规模的51.4%）；委托贷款增加2.55万亿元，同比多增1.26万亿元（占同期社会融资规模的14.7%）；信托贷款增加1.84万亿元，同比多增5603亿元（占同期社会融资规模的10.7%）；企业债券净融资1.80万亿元，同比少4530亿元（占同期社会融资规模的10.4%）；未贴现的银行承兑汇票增加7751亿元，同比少增2748亿元（占同期社会融资规模的4.5%）；外币贷款折合人民币增加5848亿元，同比少增3315亿元（占同期社会融资规模的3.4%）；非金融企业境内股票融资2219亿元，同比少289亿元（占同期社会融资规模的1.3%）。

目前，商务部已通过开展中小商贸流通企业公共服务平台建设试点，提供多方位融资服务，协助中小企业解决融资难问题；通过建立健全"走出去"投融资综合服务平台，利用财政引导性基金和政策性信贷资金，帮助企业开展境外投资并购和承揽对外承包工程项目，协助"走出去"企业解决融资难问题。调查结果显示，目前仍有很多企业感到融资是"既贵又难"。65.6%的企业认为"融资成本高"，65.3%的企业认为"IPO、再融资和发债审批环节多、行政干预多"，34.9%的企业认为"金融产品少，金融创新难以满足企业需求"，成为当前企业融资中的主要困难。

二、企业融资环境现存的主要问题

虽然各行业反映的主要融资问题（融资成本高、审批环节多、金融产品少）基本一致，但因各行业特性不同，融资问题的发生情况略有差异。交通运输仓储和邮政业对融资成本高的抱怨相对较多，房地产业则对各类问题的反映都较多。在银行信贷融资方面，信贷成本高、审批链条长是企业在银行信贷融资中面临的主要问题。69.2%的企业认为"信贷成本过高"，49.9%的企业认为"审批链条过长"，是最主要的困难所在。中部地区反映"信贷成本过高"的企业比例略高于其他地区；西部地区反映"审批链条过长"的企业比例略高于其他地区。

1. 融资审批程序烦琐

65.3%的企业认为融资中遇到的最主要困难和障碍是审批环节多、行政干预多。在间接融资方面，49.9%的企业认为银行信贷融资的审批链条过长；在直接融资之股权融资方面，60%以上的企业认为最需要简化审核程序的是公开增发与定向增发；在直接融资之债权融资方面，企业认为最需要改进中票、短融、公司债和企业债等的发行环节。

43%的上市公司希望简化再融资审批。调查中，很多民营上市公司反映，由于无法从资本市场获得再融资而存在资金缺口，具有市场前景的创新项目无法顺利开展，融资滞后严重制约了企业发展，阻碍技术创新，埋没企业家才能，进而制约着民营经济增长。有企业还反映，公司 IPO 的募集资金监管过于细致，如要求设置专户，若情况发生变化，需要漫长的程序才能变更，与企业实际需求不匹配，使得许多公司一方面贷款，另一方面有大量的募集资金在账上不能用，希望在募集资金管理方面能更多地以市场化手段遵从企业意愿。

2. 融资渠道较为单一，融资与并购无法实现有效对接

调查中有些企业反映，目前我国并购市场的金融支付工具很不完善。一些早已有法规界定了的金融工具仍无法实际运用。数据显示，近 3 年有并购活动的上市公司中用现金支付的占 68.5%，现金中 23% 来源于自有资金，12% 为超募资金，发行债券和股份募集现金的只占 0.5% 和 1.4%，非现金只有股份支付一种方式，由此造成现金压力过大，给后续的整合带来较大的困难。

有些企业反映，在"走出去"过程中普遍面临融资渠道单一、融资速度慢、难以匹配项目投资的时间要求等问题。海外项目融资审批时间过长，银行支持力度有限，境外新业务开展缺乏资金配套，融资难度大；海外贸易融资的融资期限较短，不能满足企业日常经营需要，而且海外贸易融资对境外企业财务报表有较高要求，由于境外企业成立时间短、初期营业利润较小，较高的财务报表要求使许多境外企业无法顺利取得融资支持，不利于其业务展开。

有些企业还反映，上市公司的融资与海外并购无法实现有效对接。按规定上市公司增发新股必须事先明确募集资金用途，但在实际操作中，由于并购项目的不确定性、高度保密性以及股权融资周期过长等实际原因，难以与并购操作有效对接。此外，证监会对于上市公司海外并购配套融资的政策适用于国内，应用价值受限。例如，对以现金作为对价支付方式的交易未做相关规定，但我国上市公司跨国并购多采用现金支付方式，因此无法享受"配套融资"。再如，配套融资的发行规模限定在交易总金额的 25% 以下，很难满足跨国并购的大规模融资需求。

还有的企业反映，对于采用"内保外贷"融资方式的企业，虽然资金不出境，但资本账户尚未开放，外汇管制严格，对外担保行为仍需以逐笔履行核准程序为主，增加了直接外汇贷款的操作难度。

3. 信贷"一刀切"和企业"倒贷"问题严重

光伏、LED 企业对列入调整范围的行业实行信贷"一刀切"反应很强烈。

大家说"不怕欧盟双反，就怕银行收贷"。有企业反映，光伏热时银行追着放贷，现在不分企业好坏一律收紧，企业没法预知未来，如坐针毡。行业走出困境，得靠先进企业突围；行业进行整合只有先进企业挺住，才有整合的主体。银行收紧贷款，使原本可以整合行业的企业自身难保，拖延了结构重组。调查中还发现，由于民企获得中长期贷款难，有的企业把短期贷款用作投资，靠"还旧、借新"来维持，疲于应付"倒贷"。另外，企业还反映，一些银行各种名目的收费和"运作"使中小企业拿到贷款的实际利率已在 10% 以上。

4. 风险资本供给下滑

据深交所的资料显示，中小板 701 家公司中有 176 家接受过风险投资，初始投资约 59 亿元，已增值到 634 亿元；创业板 355 家中有 136 家接受过风险投资，初始投资约 32 亿元，已增值到约 351 亿元。高峰时期，有近 4000 家 VC、PE 机构管理着超过 1 万亿元资金。这些有较强市场判别能力、愿意承担创新风险的机构和资本，是经济转型和企业升级的宝贵资源。但由于股票市场 1 年来没有新股发行，创投募集资金困难，风险资本市场已经萎缩。

5. 大量存量资产有待盘活

调研中企业反映，其自身持有大量有稳定收益的资产，但靠自身力量难以运行，建议通过资产证券化来盘活。从 2411 家非金融上市公司公布的 2013 年年报来看，应收账款总额共计 22214 亿元，与年初相比增加 3034 亿元，增幅达 15.82%。其中，七成上市公司应收账款出现不同程度增长，钢铁、煤炭、有色金属三大行业应收账款问题尤为突出。这些行业收入和现金流稳定，未来的收入或应收账款较适合进行证券化安排。

三、企业对改善融资环境建设的意见建议

1. 转变金融监管理念，简化融资审批程序

一是进一步转变监管理念。监管部门应合理界定监管职责，充分发挥市场机制对融资活动的监督约束作用，监管机构的主要职责应集中于监督企业依法合规地进行生产经营与及时完整地进行信息披露。进一步明确金融监管要以信

息披露为核心，从事前监管、准入监管向事中事后监管倾斜。

二是进一步简化融资审批程序。在上市公司融资、再融资的几种方式中，企业认为最需要简化审核的是增发新股与定向增发两项（69.9%的企业选择定向增发，60.0%的企业选择增发新股）。在各行业中，增发都被认为是最需简化的融资方式，只是不同行业企业在呼吁程度上略有差异。其中，房地产业认为需简化"定向增发"审核的企业高达84.4%，显著高于其他行业；批发和零售业对IPO简化审核的重视程度高于其他行业；交通运输仓储和邮政业对境外债权融资的重视程度高于其他行业。一些调研企业认为，对于定向增发、非公开发行等由于投资者群体已经锁定、投资者与被投资企业不存在信息不对称且投资者风险承受能力高，应该取消审批，实现市场化融资，发挥中介机构的专业能力，提高再融资效率。

2. 完善资本市场，丰富融资工具

一是监管部门可提供灵活多样的金融工具，通过制定指引或细则，使并购债、定向可转债、定向可交换债、优先股等用于并购支付。

二是分类考虑给予企业更多融资自主权。调研中，企业提出建立储架发行机制，根据发行人的公司资质、信息披露水平等做分类处理。例如，对于资产规模大、信息披露水平高的公司可以适当给予融资自主权；事先授权其一定融资额度，同意其在一定时间内，根据具体资金需求和资本市场情况，择机发行股份进行融资，而不用再进行申报或仅需履行简要报备程序。

三是考虑适当放松募集资金投向，或者不用明确投向或者仅明确为流动资金需求。

四是放开以股份为对价的支付方式。多家企业建议，监管机构应允许境内上市公司向境外并购交易的对方定向增发A股，以股票作为支付手段之一，减轻企业现金交易的压力。

五是改进公司债的发行环节。在最需要改进的发债环节中，52.4%的企业选择"公司债的发行"，其次依次是"中票、短融的发行"（33.7%）、"企业债的发行"（30.8%）和"债券市场的互联互通"（27.6%）、"境外债券融资"（10.3%）等。在各行业，公司债的发行都被认为是最需改进的发债环节，只是在呼吁程度上略有差异。

3. 解决好信贷"一刀切"和企业"倒贷"问题

调研企业建议，对银行等金融机构实行逆周期监管，经济下行时适度放宽资本监管标准；引导银行实行差别化信贷政策；进一步支持包括民营银行、小额信贷、融资租赁等多种类型的中小金融机构。有的企业还建议，设立"产业银行"为民企提供中长期贷款。

4. 扭转风险资本供给下滑的局面

调研企业建议，进一步完善新股发行和退市制度，及时调整一些临时性、过渡性的政策规定。例如，允许创业板企业再融资、加快新股发行等。同时，继续发展机构投资者，优化投资者结构，使更多的资本能流向创新创业。

5. 推进企业资产的证券化

光伏企业、环保节能的企业建议，在推动银行信贷资产证券化的同时，选择一些行业启动企业资产证券化试点，探索合同能源管理、光伏电站运营等项目资产证券化、应收账款证券化和知识产权证券化等业务，同时考虑资产证券化过程中涉及的重复征税、审批、信用风险等问题。

6. 配套完善相关融资政策和会计制度，加大金融支持实体经济的力度

调研中创新型企业、中小型企业普遍反映"融资难"问题，这类企业具有轻资产、研发投入大、收益不稳定等特性。目前，我国以制造业为核心的资本评价体系和会计制度，是这类企业"融资难"的主要障碍。企业建议政府部门进一步推动完善相关资本评价体系和会计制度，使得创新型企业、中小型企业可以顺畅地利用资本市场融资。

第六章　夯实监管信用基础

　　信用是市场经济的"基石"。加快建设市场主体的信用体系，是完善社会主义市场经济体制的基础性工程，既有利于发挥市场在资源配置中的决定性作用，又有利于严格市场主体监督管理，依法维护市场秩序。2014年2月，国务院在《关于印发注册资本登记制度改革方案的通知》（国发〔2014〕7号文）中明确提出，要构建市场主体信用信息公示体系，以企业法人国家信息资源库为基础构建市场主体信用信息公示系统，公示内容作为相关部门实施行政许可、监督管理的重要依据；完善信用约束机制，建立联动响应机制，对被载入经营异常名录或"黑名单"、有其他违法记录的市场主体及其相关责任人，形成"一处违法，处处受限"的局面；积极培育、鼓励发展社会信用评价机构，支持开展信用评级，提供客观、公正的企业资信信息。2014年4月国务院常务会议上再次明确提出，要建立守信激励和失信惩戒机制，对违背市场竞争原则和侵犯消费者、劳动者合法权益的市场主体建立"黑名单"制度，对失信主体在投融资、招投标等方面依法依规予以限制，对严重违法失信主体实行市场禁入。国务院印发的《关于促进市场公平竞争维护市场正常秩序的若干意见》中指出"运用信息公示、信息共享和信用约束等手段，营造诚实、自律、守信、互信的社会信用环境，促进各类市场主体守合同、重信用"，并明确要求各级政府及相关部委落实以下工作：第一，加快市场主体信用信息平台建设。完善市场主体信用信息记录，建立信用信息档案和交换共享机制。逐步建立包括金融、工商登记、税收缴纳、社保缴费、交通违章、统计等所有信用信息类别、覆盖全部信用主体的全国统一信用信息网络平台。推进信用标准化建设，建立以公民身份号码和组织机构代码为基础的统一社会信用代码制度，完善信用信息征集、存储、共享与应用等环节的制度，推动地方、行业信用信息系统建设及互联互通，构建市场主体信用信息公示系统，强化对市场主体的信用监管。第二，建立健全守信激励和失信惩戒机制。将市场主体的信用信息作为实施行政管理的重要参考。根据市场主体信用状况实行分类分级、动态监管，建立健全经营异常名录制度，对违背市场竞争原则和侵犯消费者、劳动者合法权益的市场主体建立"黑名单"制度。对守信主体予以支持和激励，对失信主体在经营、投融资、取得政府供应土地、进出口、出入境、注册新公司、工程招投标、政府采购、获得荣誉、安全许可、生产许可、从业任职资格、资质审核等方面依法予以限制或禁止，对严重违法失信主体实行市场禁入制度。第三，积极促进信用信息的社会运用。在保护涉及公共安全、商业秘密和个人隐私等信息的基础上，依法公开在行政管理中掌握的信用信息。拓宽信用信息查询渠道，为公众查询市场主体基础信用信息和违法违规信息提供便捷高效的服务。依法规范信用服务市场，培育和发展社会信用服务机构，推动建立个人信息和隐私保护的法律制度，加强对信用服务机构和人员的监督管理。

一、企业信用体系建设的现状

党中央、国务院高度重视社会信用体系建设。有关地区、部门和单位探索推进，社会信用体系建设取得积极进展。国务院建立社会信用体系建设部际联席会议制度统筹推进信用体系建设，公布实施《征信业管理条例》，一批信用体系建设的规章和标准相继出台。全国集中统一的金融信用信息基础数据库建成，小微企业和农村信用体系建设积极推进；各部门推动信用信息公开，开展行业信用评价，实施信用分类监管；各行业积极开展诚信宣传教育和诚信自律活动；各地区探索建立综合性信用信息共享平台，促进本地区各部门、各单位的信用信息整合应用；社会对信用服务产品的需求日益上升，信用服务市场规模不断扩大。

调查结果显示，近七成（68%）的企业认为当前社会的信用环境状况正在改善。从行业细分看，交通运输仓储和邮政企业（占 75.7%）、房地产企业（占 71.9%）、批发和零售业（占 68.8%）对信用环境的总体评价最高。对于企业迫切需要的信用服务，企业更希望能方便快捷地获取工商、税务、银行等信用信息（占 92.7%）以及企业及主要经营者违法违规记录、司法诉讼记录等信息（占 81.6%）。从行业看，交通运输仓储和邮政业对企业工商、税务、银行等信用信息更为关注（占 97.3%），房地产业对企业及主要经营者违法违规记录、司法诉讼记录等信息更为关注（占 93.8%）。另外，许多企业对企业环保达标和履行社会责任方面的信息、企业及主要经营者履行合同记录等信息也表现出十分关注。

二、信用体系建设现存的主要问题

我国社会信用体系建设虽然取得了一定进展，但与经济发展水平和社会发展阶段不匹配、不协调、不适应的矛盾仍然突出。其存在的主要问题包括：覆盖全社会的征信系统尚未形成，社会成员信用记录严重缺失，守信激励和失信惩戒机制尚不健全，守信激励不足，失信成本偏低；信用服务市场不发达，服务体系不成熟，服务行为不规范，服务机构公信力不足，信用信息主体权益保护机制缺失；社会诚信意识和信用水平偏低，履约践诺、诚实守信的社会氛围尚未形成，重特大生产安全事故、食品药品安全事件时有发生，商业欺诈、制假售假、偷逃骗税、虚报冒领、学术不端等现象屡禁不止，政务诚信度、司法公信度离人民群众的期待还有一定差距等。目前，信用缺失仍是我国企业发展环境中突出的"软肋"。调查显示，企业在日常经营中遇到的突出信用问题有以下三方面：

1. 企业诚信缺失

一是"三角债"问题。调查显示，约 2/3 的企业（61.7%）认为日常经营中最突出的诚信问题是拖欠货款、"三角债"问题。"三角债"问题也是目前企业最为担心的问题，其在一定程度上破坏了整个社会的信用体系。部分调研企业认为，近年来企业拖欠货款行为逐渐增多，国有企业（特别是垄断性国有企业）

是主要根源。国有企业凭借其拥有的政府资源、政策优惠及垄断优势，无节制地扩张产业链和企业规模，以内部交易取代外部市场，破坏了公平竞争的市场规则，严重影响了民营企业的正常发展。一些民营企业作为国有垄断企业的设备、技术或服务的配套供应商，在客户结构上严重依赖于垄断国企，缺乏谈判筹码，在产业链中的地位下降，加上融资渠道狭窄、融资成本过高，民营企业受到的冲击明显比国有企业严重。倘若市场环境持续低迷、融资环境得不到改善，民营中小企业将可能出现较大的财务风险，进而影响整个产业链的可持续发展和社会稳定。

二是合同失信严重。调查显示，39.3%的企业认为日常经营中信用问题最为突出的是"合同违约严重"。合同失信已成为企业诚信缺失的一个重要表现，企业间的合同失信严重，合同纠纷不断，对企业的正常运营造成很大影响。有企业提到，每年仅采购、工程施工、供热关系建立等就需要签订上千份合同，但日常经营中经常遇到很多有违诚信的合作方，特别是在材料采购、工程施工建设中，经常会遇到一些供应商、施工单位违约，虽然通过法律诉讼途径最终追回了部分损失，但对企业造成的不良影响难以弥补。

三是假冒伪劣屡禁不止。调查显示，30.6%的企业认为日常经营中信用问题主要表现为"假冒伪劣盛行，制假贩假猖獗"。假冒伪劣屡禁不止从一个很大的侧面反映了企业诚信缺失的严重性。另据商务部统计，每年因产品质量低劣、制假售假等造成的各种损失多达2000亿元。从双汇"瘦肉精"、哈药"溴酸盐"到三鹿"毒奶粉"等，近年来国内知名企业频陷"质量门"，一系列食品安全事件足以表明，诚信缺失已经非常严重。假冒伪劣严重扰乱了市场的公平竞争秩序，扼杀了企业的技术创新和发展环境改善。特别在制造业和批发零售业，有1/4以上的企业都认为假冒伪劣问题很严重。有企业反映，由于其公司新型材料生产的辐射交联电线电缆耐高温、环保阻燃，对安全生产、生活能提供可靠保证，但总有一些厂家提供假冒伪劣产品损坏行业信誉，由于查处不力，造成优良产品推广困难。也有企业提到，企业所在的农药行业小厂家众多，行业集中度较低，假冒伪劣现象较为普遍。

　　四是财务信息严重失真。调查显示，23.6%的企业认为日常经营中信用问题最为突出的是"企业财务信息严重失真"。虚假会计信息是践踏诚信的祸首之一，企业反映特别是资本市场的虚假财务信息导致投资者的信心受到严重打击，甚至已经到了使中小投资者难以忍受的地步。最近几年暴露出的上市公司业绩骗局，都让人触目惊心。企业普遍反映虚假财务信息的泛滥严重扭曲了股票的价值，扰乱了资本市场秩序，损害了投资者的利益，极大地挫伤了股民的投资积极性。如果不加以严厉打击和治理，资本市场难以健康发展。

2. 政府公信力不足

　　政府尤其是地方政府的部分行为严重影响了政府公信力的提升。大部分企业反映，地方政府欠款及其承诺的搬迁、返还、补贴、工程款等几乎都难以兑现或难以及时兑现，公职人员的渎职行为仍然普遍存在，严重损害企业利益。有企业反映，其所在开发区政府拖欠货款，多年一直不予支付，严重影响企业的生产经营，企业有苦难言；另一家企业提到，某市开发区政府为工业园区招商引资，商谈企业将其在该市的工厂搬迁至开发区工业园，开发区给予搬迁补贴3亿元，但在工厂搬至工业园区后，政府补贴4年没有到位，给企业造成重大的经济损失。也有的企业反映，地方政府对于当地企业的商业不诚信行为带有明显的地方保护主义倾向，常以各种理由阻止对本地企业的信息查询。

3. 信用服务体系欠发达

　　尽管我国的信用评级机构发展至今已有20余年，但评级机构杂、主管机构不明确、行业管理体系缺乏是目前企业信用服务环境存在的突出问题，完善诚信评级和服务体系是完善诚信体系的重要切入点。与全球征信机构相比，我国的信用机构竞争力仍较弱、产品种类较少、应用范围非常小，还难以满足市场监管和各类投资者的需求。其主要原因在于：一是国内信用评级结果利用率低，一些需要进行信用评级的机构、企业、个人对此也不十分重视，不愿参加信用评级，使得信用评级实际需求较低，从而使得以价定级或以级定价现象常有发生，这也是公众不信任评级机构的原因之一。二是缺乏专门的监管机构，对于乱象并无相关的部门进行约束整顿，使得买卖信用级别的现象长期存在。三是评级机构采用的信用模型过于陈旧，对于企业的或有风险重视不够。四是评级机构少，专业人才稀缺，缺乏优秀、有公信力的评级机构。按照一般的评级流程，完成一家企业的评级往往需要 3 个月的时间，远远不能满足企业的需求。另外，我国还没有法规明确评级机构的归口管理部门，有关部门和市场主体的诚信服务选择和标准缺乏明确的法规和政策依据。

三、企业对加强信用体系建设的意见建议

2014 年初，国务院常务会议原则通过《社会信用体系建设规划纲要（2014~2020 年）》。按照《规划纲要要求》，社会各领域都将纳入信用体系，食品药品安全、社会保障、金融等重点领域将要加快建设。调研结果表明，企业对加强信用环境建设的意见建议集中表现在以下三个方面：

1. 加大企业失信行为的处罚力度，严惩制假造劣行为

一是建立企业诚信档案，引入黑名单制度。大力推进对侵权假冒案件的行政处罚信息公开，将行政处罚案件信息纳入社会征信体系，对假冒、侵权行政处罚案件实行信息公开，使假冒侵权者因信用不良而"处处受限"。各级政府要加快建立健全管理、考核等制度，加强监督检查。这些措施有利于促进质量提升和产业升级、增强消费者信心、有利于维护公平竞争的市场秩序、保护消费者权益、提高执法公信力。

二是加大对企业失信行为的处罚力度。对失信的市场主体要依法实行高额经济处罚、降低或撤销资质、吊销证照，限制其经营能力或市场准入，增加违法成本，使其不仅无利可图，还要付出沉重代价，甚至依法追究违法失信者的行政、民事和刑事责任。

三是进一步规范政府机关和失信、渎职人员责任追究制度。建议将政府机关的政策随意性、办事效率低下、统计数据作假、承诺失信、部门保护、行政许可审批官僚主义等纳入诚信记录，作为政府部门考核的重要指标。将公务人员的腐败、违纪、工作拖延、工作作风、办事效率等纳入个人诚信体系，作为

晋升、考核的重要评价标准。

2. 加强诚信体系建设，提高政府公信力

一是加快建成全国统一、开放的企业信用体系。近九成（89.8%）的调研企业表示，如果政府加强诚信体系建设，愿意把本企业信息纳入企业诚信体系。从地区看，各地区情况类似，基本都愿意将信息纳入诚信体系。对于不愿意纳入诚信体系的原因，各地区基本相同，66.5%的企业担心核心经营数据外泄，32.9%的企业对信用体系建设缺乏信心。全国统一的企业信用体系应包括企业合同履约信用、纳税信用记录、偷逃骗税记录、产品质量、环保执行、银行还贷、安全事故、拖欠工资、财务虚假记录等。针对一些市场主体往往采取打游击的方式规避市场监管的行为，如在某一地区或领域有了不良记录，就会转到其他地区或领域谋求发展，建议要建立全国统一的市场信用平台和数据库，实现跨地区、跨部门的市场信用记录联网；对市场信用记录进行分类管理，严格监控有失信记录的市场主体，对其生产、销售、质量、合同履约等经营行为实行跟踪监督，建立企业信用"黑名单"，真正实现不良企业"一处违规，处处受限"。

二是促进市场信用信息的公开共享。现实中，有61.3%的企业认为获取市场信用信息虽然有途径，但成本较高，31.5%的企业认为根本没有途径可以获取。仅有3.8%的企业认为获取市场信用信息比较容易。因此，87.8%的企业认为加强信用监管的重中之重在于"整合公安、税务、银行、证券、劳动、安全等部门的信息，实现信息互通互联，信息共享"，建议政府应促进市场信用信息的公开共享。从地区情况看，情况基本相同，均有60%左右的企业认为获取信用服务虽有途径，但成本高。从行业看，74.2%的房地产业企业认为有途径但成本高，这一数据明显高于其他行业。信息传输、软件和信息技术服务业认为获取信用服务很容易，达到13.1%，远高于其他行业。

3. 积极培育信用服务机构，规范信用服务市场监管

评级服务机构是改进信用环境、防范信用风险、提供信用服务的重要基础和保障。随着市场化改革的不断深入，为维护正常的市场秩序，信用评级的重要性日趋明显。调查中，42.1%的企业明确表示，应大力发展评估评级与服务等第三方机构。

对市场监管来说，建立独立、高效、公正的信用评级机构和市场至关重要。一要积极发展信用评级和服务机构，着力提高信用评级机构的服务能力；二要抓紧制定和完善信用服务的有关法律法规；三要坚持以市场需求为导向，培育和发展种类齐全、功能互补、依法经营、有市场公信力的信用服务机构，支持和鼓励这些机构依法自主收集、整理、加工、提供有关市场信用的信息，满足全社会多层次、多样化、专业化的市场信用服务需求；四要加强行业自律和政府鼓励示范作用，引导企业重视失信防范机制等措施，规范信用服务市场秩序。

第七章　引入第三方评估

不管是政策的出台、政策的落实，还是政绩的评价，引入第三方评估，都能有效避免有关部门既当"运动员"又当"裁判员"这种双重身份带来的倾向性弊端，摆脱部门的利益羁绊，最易收到不似"好声音"却是"真情况"，逆耳"不中听"却"很中用"的效果。2013年10月，国务院常务会议上李克强总理对第三方评估工作给予了充分肯定和认可。强调要创造条件，采取第三方评估等方式加强监督；各部门要强化对政策落实情况的督查考核，注重引入社会力量开展第三方评估，接受各方监督，不能自拉自唱。国务院印发的《关于促进市场公平竞争维护市场正常秩序的若干意见》中指出"充分发挥社会力量在市场监管中的作用，调动一切积极因素，促进市场自我管理、自我规范、自我净化"，并明确要求各级政府及相关部委落实以下工作：一是发挥行业协会商会的自律作用。推动行业协会商会建立健全行业经营自律规范、自律公约和职业道德准则，规范会员行为。鼓励行业协会商会制定发布产品和服务标准，参与制定国家标准、行业规划和政策法规。支持有关组织依法提起公益诉讼，进行专业调解。加强行业协会商会自身建设，增强参与市场监管的能力。限期实现行政机关与行业协会商会在人员、财务资产、职能、办公场所等方面真正脱钩。探索一业多会，引入竞争机制。加快转移适合由行业协会商会承担的职能，同时加强管理，引导其依法开展活动。二是发挥市场专业化服务组织的监督作用。支持会计师事务所、税务师事务所、律师事务所、资产评估机构等依法对企业财务、纳税情况、资本验资、交易行为等真实性、合法性进行鉴证，依法对上市公司信息披露进行核查把关。推进检验检测认证机构与政府脱钩、转制为企业或社会组织的改革，推进检验检测认证机构整合，有序放开检验检测认证市场，促进第三方检验检测认证机构发展。推进公证管理体制改革。加快发展市场中介组织，推进从事行政审批前置中介服务的市场中介组织在人、财、物等方面与行政机关或者挂靠事业单位脱钩改制。建立健全市场专业化服务机构监管制度。三是发挥公众和舆论的监督作用。健全公众参与监督的激励机制，完善有奖举报制度，依法为举报人保密。发挥消费者组织调处消费纠纷的作用，提升维权成效。落实领导干部接待群众来访制度，健全信访举报工作机制，畅通信访渠道。整合优化各职能部门的投诉举报平台功能，逐步建设统一便民高效的消费者投诉、经济违法行为举报和行政效能投诉平台，实现统一接听、按责转办、限时办结，统一督办，统一考核。强化舆论监督，曝光典型案件，震慑违法犯罪行为，提高公众认知和防范能力。新闻媒体要严守职业道德，把握正确导向，重视社会效果。严惩以有偿新闻恶意中伤生产经营者、欺骗消费者的行为。对群众举报投诉、新闻媒体反映的问题，市场监管部门要认真调查核实，及时依法作出处理，并向社会公布处理结果。

一、引入第三方评估的现状

我国原有市场监管主要依靠政府，加强市场监管最终导致政府机构扩充，人员增加，行政成本上升，对企业干预加重，但监管效果没有提高，反而滋生出大量寻租空间，扰乱市场秩序。

通过引入第三方评估，推进决策的民主化、科学化，将大大减少闭门决策、"拍脑袋"决策，使各项改革举措直面真问题，执行更有力。可以说，引入第三方评估是政府改革的重要突破。尤其是对重大民生工程、与人民群众利益密切相关的重大政策落实执行情况，多引入第三方评估，将是决策民主化、科学化的重要助推器。

调查中，81.2%的企业认为在原有模式下，政府加强监管只会强化对企业的干预而不能真正改善市场秩序。40%的企业认为，政府干预过多是导致市场秩序混乱的一个主要原因。47.1%的企业希望培育专业化的中介机构，剥离政府的专业管理职能，发挥中介机构在市场监督中的作用。

二、第三方评估现存的主要问题

1. 第三方中介机构发展空间受限

首先，法律缺乏对第三方中介机构的规制，难以合法开展工作。部分第三方调查机构，如私人调查公司等难以合法注册，合法性不足导致其工作成果认可度低。其次，第三方自身实力弱、技术有限、检测水平低、手段落后，管理部门多，检测标准不统一。例如，食品检测机构，对有害物质的检测能力严重落后，缺乏合格检测人员，关键检测设备主要依赖进口，资金投入大且更新慢，监管部门多头管理，缺乏统一检测标准。最后，第三方中介市场被政府垄断，与政府关系紧密的机构较易获得完整资质，成为指定机构。这些导致企业缺乏选择权，需支付高额的第三方中介服务费。有食品生产企业反映，每年都要和省、市、县各级安监部门指定的食品质量安全检验机构签订委托检验协议，并缴纳数额不菲的费用。名为委托，实际上是强制。如果不签署协议并缴纳费用，企业就会遭受不公平待遇。又如，有企业也反映必须到政府指定机构检测，同时需要支付高额费用。此外，相当数量的第三方检测机构脱胎于政府部门或是政府下属事业单位，不具有独立法人资格，难以独立开展工作，沦为当地劣质产品的保护伞。

2. 重点领域缺乏第三方机构监管机制

近年来，国内食品安全、产品质量、安全生产、环境保护、社会诚信等领域的市场监管问题较为突出，不断出现的负面事件已引起各方关注。比如，食品安全领域爆出的"瘦肉精"、"苏丹红"、"三聚氰胺"等事件，达芬奇家具冒充"洋品牌"事件，前些年频出的高铁质量安全问题，各地不断发生的环境污染事件等。上述领域具有重大外部性，涉及国计民生，政府部门受自身监管能力的制约，难以进行全覆盖监管，重点领域引入第三方中介机构势在必行。

3. 第三方机构行业管理薄弱

现实中，相当一部分第三方机构缺乏自律，存在低价竞争、明码卖认证等变相寻租行为。例如，部分认证机构为争夺客源，不惜进行削价竞争，以低于成本的价格向企业发放认证。又如，食品安全领域，"第三方认证"标签已被滥用，不达标的企业也可花钱获得第三方机构的认证，甚至是好评。一些机构受利益驱使，甚至为违规企业篡改报告内容，捏造数据。还有一些资质不足的冒牌机构，随意出具虚假检测报告，既损害了第三方机构的公信力，又损害了企业和消费者利益。目前，虚假第三方检测主要有三种方式：一是虚拟一份完全不存在的报告。二是修改一份已经发布的报告。三是篡改报告实验数据。某些第三方机构为提高其公信力，恶意利用专家、名人等为其背书，使第三方机构市场公信力低，认同度不高。调研中，60.6%的企业担心中介组织缺乏自律，出现变相寻租行为。因此，第三方中介机构的行业管理亟须加强。

三、企业对加强第三方评估的意见建议

1. 解决发展障碍，促进第三方机构发展

"第三方"既可以是"官方"，也可以是"准官方"，甚至是"民间"团体，用"第三只眼"看事情，往往有"旁观者清"的效果；也更体现"百花齐放，百家争鸣"的科学民主精神。针对阻碍第三方机构发展的障碍，根据调研中企业意见提出如下建议：一是加快立法进程，明确第三方机构在监管体系中的地位，规制其行为，促进其合法开展业务。二是大力推广政府购买服务模式，加大对第三方机构的财政投入，从资金、技术、人才等方面保障第三方评估检测机构的独立运作。三是引入竞争机制，提升第三方检测机构的服务水平。打破市场垄断，鼓励多元投资主体进入第三方评估检测市场，提高第三方评估检测的市场化水平。

2. 加快引入第三方机构，完善重点领域监管体系

借鉴发达国家针对具有重大外部性领域的监管大量引入第三方机构参与，通过检测认证和委托监管等方式，弥补政府监管不足，构建完整的监管体系，建议"加强第三方评估"，首先要鼓励和允许第三方评估机构发声；其次政府要制定评估标准和规则，保证评估的科学性和参考价值；最后可以引进一些国

外先进的评估经验，强化评估独立性，完善评估对政策效果的监督作用，真正打破"自拉自唱"格局。

3. 加强行业管理，提升第三方机构公信力

由于我国第三方机构处在发展初期，自律性较差，必须加强对第三方机构的管理。发达国家对担负市场监管职责的第三方机构采取严格监管。大体来看，第三方机构受行业协会或市场主管部门监管，一旦出现违规行为将会受到吊销资格、罚款、市场禁入或监禁等处罚。根据调研中企业意见，建议监管机构完善事后监管机制，加大处罚力度，提高第三方机构的失信、违规成本，净化市场。对假冒知名机构，提供虚假评估检测报告的行为严厉查处，保护第三方机构的公信力。加强行业协会作用，利用行业协会对第三方机构行业实行自律监管。

第八章　推进外部性监管

　　由于对企业在消防、安全生产、产品和服务质量、环保等方面的监管都带有很强的外部性，又与消费者和社会利益密切相关，我们将其统称为企业的外部性监管环境。按照2014年4月国务院常务会议最新部署的五项措施，要加强生产经营等行为监管，强化市场主体责任，坚持依法平等、公平透明、把握好监管的"公平秤"，坚决杜绝监管的随意性。国务院印发的《关于促进市场公平竞争维护市场正常秩序的若干意见》中指出，"创新执法方式，强化执法监督和行政问责，确保依法执法、公正执法、文明执法"，并明确要求各级政府及相关部委落实以下工作：一是严格依法履行职责。行政机关均须在宪法和法律范围内活动，依照法定权限和程序行使权力、履行职责。没有法律、法规、规章依据，市场监管部门不得作出影响市场主体权益或增加其义务的决定；市场监管部门参与民事活动，要依法行使权利、履行义务、承担责任。二是规范市场执法行为。建立科学监管的规则和方法，完善以随机抽查为重点的日常监督检查制度，优化细化执法工作流程，确保程序正义，切实解决不执法、乱执法、执法扰民等问题。完善行政执法程序和制度建设，健全市场监管部门内部案件调查与行政处罚决定相对分离制度，规范执法行为，落实行政执法责任制。建立行政执法自由裁量基准制度，细化、量化行政裁量权，公开裁量范围、种类和幅度，严格限定和合理规范裁量权的行使。行政执法过程中，要尊重公民合法权益，不得粗暴对待当事人，不得侵害其人格尊严，积极推行行政指导、行政合同、行政奖励及行政和解等非强制手段，维护当事人的合法权益。推进监管执法职能与技术检验检测职能相对分离，技术检验检测机构不再承担执法职能。三是公开市场监管执法信息。推行地方各级政府及其市场监管部门权力清单制度，依法公开权力运行流程。公示行政审批事项目录，公开审批依据、程序、申报条件等。依法公开监测、抽检和监管执法的依据、内容、标准、程序和结果。除法律法规另有规定外，市场监管部门适用一般程序作出行政处罚决定或者处罚决定变更之日起20个工作日内，公开执法案件主体信息、案由、处罚依据及处罚结果，提高执法透明度和公信力。建立健全信息公开内部审核机制、档案管理等制度。四是强化执法考核和行政问责。加强执法评议考核，督促和约束各级政府及其市场监管部门切实履行职责。综合运用监察、审计、行政复议等方式，加强对行政机关不作为、乱作为、以罚代管等违法违规行为的监督。对市场监管部门及其工作人员未按强制性标准严格监管执法造成损失的，要依法追究责任；对市场监管部门没有及时发现、制止而引发系统性风险的，对地方政府长期不能制止而引发区域性风险的，要依法追究有关行政监管部门直至政府行政首长的责任。因过错导致监管不到位造成食品药品安全、生态环境安全、生产安全等领域事故的，要倒查追责，做到有案必查，有错必究，有责必追。不顾生态环境盲目决策，造成严重后果的领导干部，要终身追究责任。

一、企业外部性监管的现状

1. 一半企业认为所在行业的行业标准执行情况较好

被调查企业中，认为所在行业标准执行较好的占50.5%，执行一般和较差的占49.5%。对于执行效果不好的原因，企业认为最主要的是"标准执行投入不足，执行缺乏保障""标准制定与市场需求脱节"和"标准落后，缺乏权威指导"，占比分别为39.3%、25.9%和21.0%。在安全生产监管方面，88.3%的企业认为标准水平、制度规定"基本合理，企业也能做得到"，比例较高；在质量监管方面，87.6%的上市公司认为目前政府标准水平、制度规定方面"基本合理，企业也能做得到"；在环保监管方面，86.5%的企业对政府标准水平、制度规定方面的评价为"基本合理，企业也能做得到"，但39.7%的企业认为环保监管方式落后、"一刀切",企业无法真正落实,助长瞒报虚报。

从分地区情况看,西部被调查企业认为行业标准执行效果好的比例最高,为 55.0%,中部地区认为执行效果有待进一步提高的比例最高,为 52.5%。对于标准得不到有效落实的原因,西部企业选择"标准执行投入不足,执行缺乏保障"和"标准制定与市场需求脱节",比例分别为 49.4% 和 31.2%,明显高于东部企业和中部企业。

从分行业情况看,交通运输仓储和邮政业被调查企业最认同所在行业标准执行良好,比例高达 69.5%,而房地产被调查企业认为执行效果有待进一步提高的比例最高,为 59.4%。

2. 2/3 的企业认为企业自律是完善生产环节监管最有效的方式

对于完善生产环节监管最有效的方式,被调查企业中 67.0% 选择了"明确监管法规,让企业了解规则,依靠企业自律",比例最高。其次是"利用信息技术等先进技术手段进行监管",比例为 64.9%。"委托第三方专业机构进行监管,体现专业性"和"现场检查"的比例分别为 47.9% 和 44.1%。

从分地区情况看,西部企业对"现场检查"的诉求相较而言更强,比例达 52.5%,远超东部企业 41.8% 和中部企业 42.3% 的比例。此外,西部企业还特别重视"利用信息技术等先进技术手段进行监管",选择此项的企业最多,而东部企业和中部企业选择最多的是"明确监管法规,让企业了解规则,依靠企业自律"。

从分行业的情况看,除批发和零售业外,其他行业的被调查企业都认为"明确监管法规,让企业了解规则,依靠企业自律"是完善生产环节监管的最有效手段,选择此项的企业比例最高。批发和零售业被调查对象则选择"利用信息技术等先进技术手段进行监管"的比例最高。

3. 六成企业存在对中介组织变相寻租的担忧

对环保、安全生产等利用社会中介组织来部分履行市场监管职能,上市公司的最主要看法为"担心中介组织缺乏自律,出现变相寻租行为",比例达到 60.6%。其次是"体现专业性,避免行政力量过大",比例为 49.2%。各地区的看法也都基本趋同。分行业来看，各行业的看法首先集中在"担心变成监管部门的附属机构，输送不当利益，提高监管成本"，其中房地产行业比例最高，为75%，批发和零售业比例最低，为 56.3%。其次为"担心中介组织缺乏自律，出现变相寻租行为"，制造业比例最高，达 62.6%，信息传输、软件和信息技术服务业比例最低，只有 53.2%。

4. 六成企业认为监管能秉公执法

在安全生产监管方面，60.8%的上市公司认为安全生产监管"能秉公执法"。各地区的评价也基本一致。分行业来看，各行业普遍认为安全生产监管执法"能秉公执法"，相对较多的制造业企业认为"重检查，但缺乏指导性，对企业的改进帮助不大"，比例达 36.2%。相对较多的房地产企业认为"以罚款为主，处罚尺度比较随意，缺乏依据"，比例达 15.6%。

在环境监管方面，62.6%的上市公司对环保监管执法方面的评价为"能秉公执法"。分地区来看，中、西部地区企业选择"重检查，但缺乏指导性，对企业的改进帮助不大"和"执法人员业务能力、专业水平不够"两项的比例都明显高于东部。分行业来看，各行业基本都认为环保监管执法能"秉公执法"，其次是"重检查，但缺乏指导性，对企业的改进帮助不大"。相对较多的房地产行业选择了"以罚款为主，处罚尺度比较随意，缺乏依据"，比例为 15.6%，高于其他行业。

5. 多数企业认为监管人员的业务水平一般

整体来看，67.2%的企业认为环保、安全生产、消防等监管人员的业务水平（包括法规掌握情况、现场处理与判断能力等方面）"不高"和"一般"。分行业来看，各行业的评价最多的都为"一般"。房地产和信息传输、软件和信息技术服务业给出"高"评价的比例相对稍低。

二、外部性监管现存的主要问题

1. 相关监管部门缺乏沟通机制，多头监管、标准不统一现象严重

在安全生产方面，国家安全生产监督管理总局令第 51 号《建设项目职业卫生"三同时"监督管理暂行办法》第四条规定，建设项目职业卫生"三同时"工作可以与安全设施"三同时"工作一并进行。但在实际预评价、设计审查以及竣工验收中，还是按两套程序进行，造成人力、资金浪费。

在食品安全方面，国家食品药品监督管理总局成立后负责对食品生产经营企业生产环节和流通环节的食品安全监管。但地方上，目前食品质量监管生产环节还是由质量技术监督局负责，层次从省、市到县局，食品流通环节仍由工商行政管理部门监管，层次也是从省、市到县局，多部门多层次管理，特别是各部门之间信息沟通不畅及所执行标准的不一致，导致企业很难应对。

即使同一监管部门的不同监管项目，内容也存在监管重复重叠的问题。有的企业反映，地方安监局对建设项目（新、改、扩）实行安全评价和职业病危害评价备案制度，两者虽有侧重，但许多内容都非常相似。深圳市大部制改革后，造成市、区两级安监机构的设置不一致，企业在履行属地监管职责时，和政府安监部门对接存在困难。

2. 政府部门指定检验机构、代理公司的现象严重

目前，检验机构和代理公司基本都是各级政府的关系单位，只有通过这些机构，企业的相关项目才能通过，而这些机构一方面专业水平不高，另一方面收费很高，类似变相敲诈，企业苦不堪言。

在食品生产方面，企业每年都要和省、市、县各级食品质量安全检验机构签订委托检验协议，并缴纳数额不小的费用，名为委托，实际上是强制。如果企业不签署类似协议和缴纳相关费用，在接受监管时就会受到不公平的待遇，但有些县市级检验机构根本不具备相应的检验能力。

在交通服务方面，很多地方的交通管理部门规定车辆在高速公路上发生事故，如果需要拖车的话，必须用它们指定的拖车公司，而拖车公司随口要价，收费高昂。有企业反映，有一次公司车辆在高速公路发生事故，几十公里的路被拖车公司收取了 3 万元。企业不满，但交管部门表示，不同意可以不拖，但拖车必须找这家拖车公司，其他公司都没有资质。

在环境保护方面，目前环保检测机构大多与政府部门存在较强的利益关系，甚至由政府部门设立，地方政府再指定其为唯一检测机构，由于没有竞争，检测机构人员资历和专业水准不高，但价格却很高，企业也很无奈。

3. 监管方式过于注重检查、处罚，缺乏对企业的激励、宣传和培训

当前进行消防、安全、质量监管更多的是运用检查、处罚等约束机制，缺少激励机制，使企业更多的是疲于应付检查。实际上，企业是消防、安全和质量控制的责任主体，政府任何强有力的监管，都替代不了企业的自律，政府应激励企业提高对安全生产的自律。如对主动采取措施开展相关工作且成效好的企业，可考虑给予相关的政策优惠或税收优惠等。

另外，监管机构对消防、安全、质量监管的宣传和培训不够重视，导致企业在非主观意愿的情况下犯错误违反相关规定。调研中有企业反映，消防、安全、质量等方面的法律法规种类繁多，更新速度较快。由于获取相关法律法规的渠道不明确，往往会出现企业的反应速度跟不上法规的变化，使企业在面对行政机关检查时经常会出现问题而遭受处罚。同时，相关法律法规的专业性较强，存在企业相关员工对下发的文件理解不到位的情况，这种南辕北辙的情况也成了企业在以上领域受到行政处罚的诱因之一。

4. 监管职责分工不明确，管理上易产生矛盾

当前，环保部门与地方各级人民政府及工商、供水、供电、监察和司法等相关部门的环境监管职责分工不明确，行政责任追究不到位。环保监管体制为属地管理，存在相关部门职能冲突、协调性差、地方环境管理职责难以落实到位、环境治理效率低的问题。有企业反映，有些地方明星企业的环保问题在当地已经成为公开的秘密，但最终由于该企业是当地的利税大户，当地环保部门明知其污染严重，但仍每次都出示检验合格结论。群众多次到当地政府反映均不能解决问题，到上级环保部门反映，结果又被返回当地环保部门进行检测。还有企业反映，虽然标准是国家统一，但地方环保部门的监管松紧度不一样，地方保护主义明显，会通过环保手段限制外地企业进入。如果想进入当地市场，只能通过收购、合作等方式。

5. 监管标准不统一或更新不及时

导致产品质量问题突出、企业恶性竞争严重的一个重要原因是行业性的产品标准机制没有很好地建立起来。虽然经过几十年的发展，我国已初步形成了一个现代化的标准体系，但还存在标准制定机制不合理、部分行业标准不完善和部分标准执行力度弱等问题。调查显示，23.5%的被调查企业认为所在行业的国内行业标准落后，49.5%的被调查企业认为所在行业的行业标准执行情况一般或差。

《标准化法》第 6 条明确我国标准中的四类标准，除了企业标准以外，国家标准、行业标准、地方标准都是由政府组织制定的。在美国大约有 9.3 万个标准，其中 4.9 万个是由 620 个民间组织制定的，这些民间组织制定的标准有很高的权威性，如 ASTM 标准，它不仅在国内广泛采用，而且在国际上也得到高度评价而被各国采用。然而，我国政府在标准制定过程中的强势地位，一方面加重了相关主管部门的负担，另一方面不利于企业和行业协会发挥积极作用。

调研中，多数企业反映，我国现行的技术、质量、环保、安全、卫生、能耗等许多标准既落后于先进国家的水平，也落后于我国经济发展阶段，而且执行不严格，地方保护严重，导致"劣币驱逐良币"，标准落后不仅保护了落后的生产力，而且使可以达到更高标准的企业也没有升级的积极性，标准落后导致企业创新乏力。有建筑业企业反映，我国建筑能耗为同等气候条件先进国家的 2~3 倍，每年 20 亿平方米新建筑使我国未来几十年都背上了高能耗的包袱。医药企业反映，应用试剂排污需要排污许可证（需当地政府实地检查合格后颁发）。公司在各地经营场所都主动申请该许可证，但一些地方部门认为该企业排污量小，不在监测范围之内，不给企业发放许可证，企业想要有关部门开具不用排污许可的证明，有关部门认为麻烦，不予开具证明。但这造成企业事实上的无证经营，存在经营的不确定性。还有企业反映，2008 年 7 月国家发布了《制浆造纸工业水污染物排放标准》，规定自 2011 年 7 月 1 日起，现有制浆造纸企业化学需氧量（COD）排放标准为 80mg/L，《辽宁省污水综合排放标准》要求 COD 排放浓度低于 50mg/L。2003 年 3 月山东省制定的地方行业标准《山东省造纸工业水污染物排放标准》规定自 2010 年 1 月起，山东省流域内造纸企业全部执行统一污染物排放标准，即 COD 执行 100mg/L。加强环保工作利国利民，势在必行，但制定环保标准应具备科学性和合理性，避免不切实际的拔高，造成企业难以承受，无法达到。为实现污染物达标排放，自 20 世纪末，某造纸公司便陆续投资建设了环保八大系统，包括三段漂白、白水回收、污水生化处理、污水物化处理、污水厌氧处理、电厂脱硫除尘等系统以及污水生物净化和红液蒸发系统。环保项目的实施，使企业污染物排放基本达到了国家标准，但仍无法达到辽宁省规定的污染物排放指标。

三、企业对改善外部性监管的意见建议

1. 加强部门沟通合作，统一标准和规范

企业建议割断检验机构、代理公司与政府的利益关系，限制制定检验、代理机构，放开中介市场，引入竞争，由企业自主自愿选择，有效发挥中介作用，降低企业负担；按照"谁监管、谁培训、谁认证"的原则，提高培训和认证的专业性。

2. 健全安全监管法律法规体系

加强对非高危行业企业的安全管理提供指导和依据，标准的制定应该与时俱进，并且随着技术的发展，标准应及时更新；国家制定相关标准时，应注意相关部门的统一协调，避免出现重复标准和矛盾标准；相关部门加强对标准的公开公示以及新标准更新通知服务和培训工作，严格执行标准，并做好标准实施的配套服务。

3. 完善环保的责任追究制度和激励机制

完善环境保护的行政责任追究制度，需要改革当前的环保监管体制，理顺承担环境保护政府管理职能部门横向、纵向间关系，赋予环保部门独立的环境监管和行政执法权力。改革绩效考核评价体系，提高生态环境保护、修复和治理在评价体系中的权重，提高纵容污染的成本和行政责任追究制度，促进市场主体和监管部门主动在生态环保上加大投入。

完善环境保护的激励机制，需要考虑对进行清洁生产和环保创新的企业给予投资退税、延期纳税等税收优惠措施，或给予环保补贴，提高企业的环保积极性和主动性；在投资项目选择上，向节能环保的方向倾斜，加大对循环经济、低碳经济、环境保护及节能减排技术改造项目的信贷支持；加大节能环保技术运用及节能环保项目的政府资金奖励力度，确保落实奖励资金的发放。同时也需要通过税收制度改革来促进环保。在环境保护和经济发展相协调、税负和污染程度相适应、预防和治理相结合以及合理适度等原则的前提下，开征环境保护税，既要对污染物或排污行为征税，如产品污染税、排污税，也要对稀有和不可再生资源的利用，以及利用、破坏一般自然资源的行为征税，如燃油税、森林、草场资源税等。更需要充分利用市场作用推动环境保护，建立保护环境有回报，损害环境损失更大的经济利益引导机制。变"谁污染谁治理"的污染治理模式为"谁污染谁付费"的模式，适应社会化大生产的要求，实现集约化治污，降低治理成本，发挥投资效益和规模经济效应。

4. 建立技术标准升级的市场化体系

标准升级是促进创新和结构调整的重要驱动力，对产业和企业的发展水平具有引领和支撑作用。企业建议研究出台技术标准升级的市场化体系，改变行政化的标准制定和发布主体，支持行业协会、自律组织参与制定并发布行业和产品标准，实现产业升级应标准先行，加强对强制性标准执行的监管。具体包括：一是改革现行政府主导的标准制定机制，充分发挥行业协会和企业的力量。政府应对标准制定工作制定方针政策和相关法律法规，从宏观层面进行管理，以保证标准制定工作的有序进行。二是加强制定标准的相关部门间的协商机制，避免不同部门的标准相互矛盾。对于新兴行业，其标准的制定一定要适度引导行业的发展。不同地区标准也不可差距过大，否则不利于形成全国性的市场。三是缩短标准的复审周期，清理交叉矛盾、严重老化的标准。部分行业发展较快，而标准的复审周期较长，甚至出现了一二十年都未进行过复审修订，其适用度必然会下降，进而严重影响标准的有效性，影响行业的发展。四是加大标准执行的监管力度，提高违规成本。我国现在已建立了一个较完整的标准体系，但产品质量问题依然频发，部分原因就是监管不力，违规成本低，不法制造商认为有机可乘。因此，各级相关部门要加大监管力度，同时加强标准的培训，提高企业从业人员的相关法律水平。

第九章 完善行业性监管

很多行业领域的企业除要遵守共性监管之外，还必须接受和遵从所在行业的一些特殊监管规定，而这些行业性的监管制度和监管行为对这些企业的经营活动影响巨大，改进市场监管必须推进这些行业性的监管体制改革。鉴于行业性监管体制改革涉及面广，可先选择一些条件相对成熟、对监管改革更迫切的领域先行进行改革。国务院印发的《关于促进市场公平竞争维护市场正常秩序的若干意见》中指出"整合优化执法资源，减少执法层级，健全协作机制，提高监管效能"，并明确要求各级政府及相关部委落实以下工作：一是解决多头执法。整合规范市场监管执法主体，推进城市管理、文化等领域跨部门、跨行业综合执法，相对集中执法权。市场监管部门直接承担执法职责，原则上不另设具有独立法人资格的执法队伍。一个部门设有多支执法队伍的，业务相近的应当整合为一支队伍；不同部门下设的职责任务相近或相似的执法队伍，逐步整合为一支队伍。清理取消没有法律法规依据、违反机构编制管理规定的执法队伍。二是消除多层重复执法。对反垄断、商品进出口、外资国家安全审查等关系全国统一市场规则和管理的事项，实行中央政府统一监管。对食品安全、商贸服务等实行分级管理的事项，要厘清不同层级政府及其部门的监管职责，原则上实行属地管理，由市县政府负责监管。要加强食品药品、安全生产、环境保护、劳动保障、海域海岛等重点领域的基层执法力量。由基层监管的事项，中央政府和省、自治区政府市场监管部门主要行使市场执法监督指导、协调跨区域执法和重大案件查处职责，原则上不设具有独立法人资格的执法队伍。设区的市，市级部门承担执法职责并设立执法队伍的，区本级不设执法队伍；区级部门承担执法职责并设立执法队伍的，市本级不设执法队伍。加快县级政府市场监管体制改革，探索综合设置市场监管机构，原则上不另设执法队伍。乡镇政府（街道）在没有市场执法权的领域，发现市场违法违规行为应及时向上级报告。经济发达、城镇化水平较高的乡镇，根据需要和条件可通过法定程序行使部分市场执法权。三是规范和完善监管执法协作配合机制。完善市场监管部门间各司其职、各负其责、相互配合、齐抓共管的工作机制。制定部门间监管执法信息共享标准，打破"信息孤岛"，实现信息资源开放共享、互联互通。建立健全跨部门、跨区域执法协作联动机制。对未经依法许可的生产经营行为，工商行政管理部门和负责市场准入许可的部门要及时依法查处，直至吊销营业执照。四是做好市场监管执法与司法的衔接。完善案件移送标准和程序，细化并严格执行执法协作相关规定。建立市场监管部门、公安机关、检察机关间案情通报机制。市场监管部门发现违法行为涉嫌犯罪的，应当依法移送公安机关并抄送同级检察机关，不得以罚代刑。公安机关作出立案决定的，应当书面通知移送案件的市场监管部门，不立案或者撤销案件决定的，应当书面说明理由，同时通报同级检察机关。公安机关发现违法行为，认为不需要追究刑事责任但依法应当作出行政处理的，要及时将案件移送市场监管部门。市场监管部门须履行人民法院的生效裁定和判决。对当事人不履行行政决定的，市场监管部门应依法强制执行或者向人民法院申请强制执行。

一、行业性监管的现状

行业监管体制自实际运行以来取得诸多成效，但为满足行业发展需要，需要在现有行业监管体制框架基础上，进一步做好分业监管工作，不断提高监管的专业化水平，持续完善监管协调合作机制，同时修改现行配套法律法规，逐步建立统一的监管体制框架。

以资产管理行业性监管环境变化为例。2014 年 6 月，证监会下发了《关于大力推进证券投资基金行业创新发展的意见》，其中提到了要推动建立资产管理行业统一的监管规则，明确构建长效激励机制，同时还指出证监会将围绕监管转型，在严格监管执法及支持行业创新发展方面推动多项重点工作。其中包括：大幅精简、整合、清理审批备案报告事项，进一步简化行政程序，建立适应创新发展需要的监管模式；完善事中监管，落实风险导向的非现场监测与现场检查；强化事后监管，加大执法力度，保持对违法行为的高压态势，完善日常监管机构、稽查执法部门与自律组织之间的联动机制。

二、行业性监管现存的主要问题

1. 一些法律法规已不适应经济发展，需要清理修改

调查中企业反映，当前法规不是少，而是太多，某些法律、法规、部门规章和规范性文件的规定已不能适应当下的经济社会发展需要，亟须修改。但法律法规修订不能及时启动或程序漫长，导致无法及时更新。比如，1994 年 8 月原国务院证券委、原国家体改委颁布了《到境外上市公司章程必备条款》，对于规范到境外募集资金和到境外上市的股份有限公司的相关行为，起到了积极的作用。但由于《必备条款》已颁布 20 年，其间国内外资本市场的监管理念和监管措施不断发展，制定《必备条款》的市场环境也发生了很大的变化，特别是新《公司法》和《上市公司章程指引（2006 年修订）》等相关法律法规颁布之后，这些法律法规在关于发出股东大会书面通知的时间要求方面与《必备条款》存在较大差异。同时，《必备条款》也与现行的《香港公司条例》存在较大差异。随着到境外上市的 A 股公司和回内地上市的 H 股公司的增多，协调相关法规内容，尽量避免冲突就显得更加重要。因此，有必要对《必备条款》进行全面的修订，以适应资本市场发展和监管的需要。又如，对于实体企业从事套期保值，现行税法规定企业在期货市场出现亏损，不得与当期利润合并计算，必须按照当期利润缴纳税收，但如果企业在期货市场出现盈利，却要与当期利润合并计算税收。这样规定的计征方式没有考虑套期保值的实质，抑制了企业尤其是有套保需要的企业参与期货市场的积极性，不利于发挥期货市场对平抑市场价格波动对企业成本的影响的作用。建议予以修改，完善对套保企业的合理税收制度，促进企业利用期货市场主动进行风险管理。

2. 行业性监管多头监管、职责不清，职能的重叠交叉与缺失真空并存，缺乏整体统筹协调机制

以金融业为例，中国已经构建了"一行三会"的金融监管框架，但是在构建宏观审慎监管方面，核心监管主体一直存在争议，缺少明确的监管主体，使得宏观审慎监管框架仍停留在分散状态。在监管缺位的状况下，监管的手段措施与工具选择、对经济周期的把握、对系统性重要机构的界定与监管经验等方面都有所欠缺。而且，由于监管职责划分不清、协调不力，导致当前金融市场存在大量的分割，如债券业务、资产管理业务、融资租赁业务等市场分割问题。

以互联网行业为例，目前互联网行业的监管主体涉及中宣部、国家安全部、公安部、工信部、商务部、教育部、文化部、国家新闻出版广电总局等十几个部门，多头监管、监管边界模糊、政出多门，造成了监管重叠、政策矛盾，使得企业疲于应付，无所适从，也产生了监管的真空地带。例如，行业关心的"三网融合"等战略议题长期得不到推进。各部门缺少横向协调机制，不利于行业长远发展。

调查中企业还反映，对工商登记、新产品检验、项目报建等企业日常需要频繁处理的事项，不同省、市甚至同一市的不同区的规定、程序都不尽相同，要求提交的资料也不同，或者互为条件、循环审批现象严重。比如，在产品准入和标准方面，同一行业或产品，由于主管部门不同，执行的行业标准不同，地域不同执行的标准也不同。某医疗企业反映，卫生部门关于医疗机构管理的规定与《公司法》规定相冲突：依据卫生部的规定，医疗机构的科室设置数目与注册资本挂钩，且注册资本必须一次性到位，而按照《公司法》规定，注册资本可以分批出资到位。地方卫生部门认为若实收资本达不到注册资本规定数额，则只能以实收资本规模设置相应科室，该解读不符合《公司法》的精神。需要对诸如此类的法规尽快进行清理，解决法规冲突问题，合并、简化程序，统一行业和产品标准。

3. 行业性监管侧重事前审批，事中及事后监管则相对较弱

审批过程中前置审批、串联审批和审批互为条件等问题是企业反映的最突出问题。从分行业的情况看，制造业、房地产业最迫切的改革诉求集中于"简化监管流程"（皆为 78.1%），交通运输和仓储邮政业诉求最强的改革是"完善并明确监管标准"（高达 89.2%），而批发和零售以及信息传输、软件和信息技术服务业最希望"提高监管透明度"。

调研中企业也纷纷反映，行业性监管更多侧重事前审批，尤其是重点行业性监管往往由多个部委监管，项目投资通常采用"多头监管、事前审批、互为前置、程序串联"的审批模式，审批环节众多、程序复杂、耗时过长。对于一些市场准入没有完全放开的行业，缺少明确统一的准入标准，民营企业存在所有制门槛，无法形成有效的市场定价机制。以互联网与信息服务行业为例，目前民营企业在新闻采编行业准入受限，也不知道进入的标准是什么，希望能够明确行业准入标准。再以医药卫生行业为例，有企业反映，药监局对临床试验审批耗时太长（1 年左右），而很多国家都采用备案制，较审批制能缩短 3 个月时间。由于公司所从事的临床试验外包服务行业面向的是国际市场，审批耗时过长导致在国际竞争中错失了一些商机。

企业反映，许多重要行业对过程监管相对薄弱，尤其是在技术、质量、市场秩序、资源保护、安全生产、环境保护等方面。多家企业都提到对公平市场秩序的关注，并呼吁要加强公平市场秩序建设，如价格管制放开、知识产权保护和诚信体系等方面。

企业反映，实施监管的法规依据不足，法律法规制定过于原则、可操作性较差，缺乏严格的监管标准和科学的监管手段，监管方式较为单一，对违规行为恶劣、无视规章制度的企业缺乏事后监管的震慑性处罚手段，企业违法违规成本低。

4. 监管执法重检查和处罚，轻培训和指导

企业反映，由于一些行业性监管的法律法规专业性较强，存在企业相关员工对相关部门下发的文件理解不到位的情况。相关部门在监管过程中更多地关

注检查和处罚，不重视对企业的培训和指导，致使企业时常会在不知情的情况下发生非主观违规。还有企业反映，由于缺乏明确的执法标准和处罚依据，相关部门在执法和处罚过程中自由裁量权过大，行使职权时存在暗示采购其指定产品或索取好处的现象。与此同时，政府相关培训在设置培训课时、合理标准上也不够合理。

5. 各部门多头执法给企业带来诸多不便

企业反映，每年要接受市、区不同级别、不同部门的检查 20 多次，其中，同一部门市、区两级单位进行的检查大部分是重复的，而不同部门或者同一部门内部不同科室进行的检查内容也有很多重叠之处。例如，对建设项目（新、改、扩）进行安全评价和职业病危害评价，分别由安监局的不同科室来进行，虽然两者各有侧重，但许多内容非常相似。大量的重复检查既浪费了行政资源，也给企业带来了诸多不便。在监管执法方面，各相关监管主体之间缺少有效的协调机制，有必要进行综合执法。

三、企业对改善行业性监管的意见建议

1. 建立法律法规定期清理的长效机制

一是转变政府职能和监管方式从清理法规规章入手。有企业反映，有必要通过法规梳理，明确政府监管的目的是什么、管什么。政府监管应具有必须性、合法性、程序性和透明度，要将政府目前的审批、监管事项整理列示出来，判断哪些具有法律合理性，不具有合理性的监管事项要删掉，让市场自身发挥决定作用。要摒除所谓"内部规定"，确保程序性与透明度。

二是形成常态化的法规清理机制。为防止集中清理、"运动式"清理之后原有问题重复产生、不断积累的现象，企业更倾向于政府部门建立法律法规定期清理的长效机制，即定期、常态化的法规清理模式。坚持立"新法"与改"旧法"并重，对不符合经济社会发展要求、与新制定或修订的上位法相抵触、不一致，或者相互之间不协调的行政法规、地方性法规、规章和规范性文件，通过建立定期清理机制，及时予以修改或废止。

2. 规范市场准入，简化事前审批，加强事中事后监管

一是要结合行业特点、配套制度体系与能力建设等具体情况，规范市场准入。以公开、公正、清晰、透明的行业准入标准取代不透明、不规范、主观随意性大的行政审批，打破市场准入中的所有制歧视。准入监管由强审批向强标准转变。减少审批环节，对诸如金融创新、新药研发等创新领域可考虑建立快速通道制度；对仍需审批的事项，可考虑减少前置审批，将串联审批变成并行审批，也可考虑进行"一站式"审核。

二是要结合行业特点，逐步改变当前重行政审批、轻行业监管、以审批替代监管的监管方式。有企业建议，要着重加强专业性中介机构等社会服务体系建设，实现中介机构市场化，政府要放权，减少政府寻租行为。医疗行业企业建议，要加强对原研药、创新药的知识产权保护，着眼于保护企业创新能力，改革药品定价机制。

3. 加强行业性监管主体之间的协调机制和联合执法力度

一是完善行业性监管协调机制。实行不同执法部门和同一部门上下级单位之间的信息通报制度，实行联合检查制度，提高执法效率。

二是明确执法标准和处罚依据。严格控制自由裁量权的行使，执法人员不能随意扩大自由裁量的范围。

三是加强对企业的专业培训和实地指导。多渠道、多方式加强宣传和培训，提高企业和企业相关工作人员的专业水平和对相关法规、政策的理解水平。也可以通过微信、多媒体等各种渠道，及时发布国家法律法规、技术标准的最新内容，使企业能及时了解国家法律法规、技术标准的变化。相关部门加强对标准的公开公示以及新标准更新通知服务和培训工作，严格执行标准，并做好标准实施的配套服务。

四是对于专业岗位的监管人员，实施资质认证，提高监管队伍素质。

第十章　企业对改进市场监管的调查问卷分析

一、调查问卷

（一）企业基本情况

1. 证券代码 ＿＿＿＿＿＿＿＿（选择填写）

贵公司类型：（　　　）

A. 国有及国有控股企业　　　　　B. 外资及外资控股企业

C. 民营及民营控股企业

2. 贵公司所属行业：（　　　）

A. 农、林、牧、渔业

B. 采矿业

C. 制造业

D. 电力、热力、燃气及水的生产和供应业

E. 建筑业　　　　　　　　　F. 批发和零售业

G. 交通运输、仓储和邮政业　　　H. 住宿和餐饮业

I. 信息传输、软件和信息技术服务业

J. 金融业　　　　　　　　　K. 房地产业

L. 租赁和商务服务业　　　　　M. 科学研究和技术服务业

N. 水利、环境和公共设施管理业　　O. 居民服务、修理和其他服务业

P. 教育　　　　　　　　　　　Q. 卫生和社会工作

R. 文化、体育和娱乐业　　　　S. 综合

3. 贵公司上市板块：（　　　　）

A. 主板　　　　　　　　　　　B. 中小板

C. 创业板　　　　　　　　　　D. 海外（中国大陆以外上市）

4. 贵公司注册地：_____

5. 贵公司认为，完善市场监管的紧迫性（　　　　）

A. 紧迫　　　　　　B. 一般　　　　　　C. 不紧迫

6. 贵公司对改进市场监管，有哪些顾虑（可多选，按重要性排序）（　　　　）

A. 担心进一步强化政府对企业的干预，市场秩序却得不到改善

B. 担心政府扩大编制，增加经费，机构臃肿

C. 担心政府仍用传统方式来干预经济

D. 无

E. 其他 _____

7. 贵公司对政府改进市场监管的力度如何看（可多选，按重要性排序）

（　　　　）

A. 应该下猛药，大力改善市场经济秩序

B. 循序渐进，给企业一个较长的适应期

C. 由于监管改革难度太大，对改善监管不抱希望

D. 其他 _____

（二）工商监管

8. 贵公司在过去 1 年中是否受到过工商处罚（　　　　）

A. 是　　　　　　　　　　　B. 否

如有，处罚方式为 _____

A. 罚款　　　　　　　　　　B. 警告

C. 吊销营业执照　　　　　　D. 企业停业整顿

E. 没收违法所得　　　　　　F. 其他 ＿＿＿＿＿＿

如不服处罚，贵公司是否进行过申诉 （　　　　）

A. 是　　　　　　　　　　　B. 否

若没有，贵公司放弃申诉的原因是 ＿＿＿＿＿＿。

9. 贵公司认为，工商部门为强化诚信规范管理对违规企业采用的"黑名单制度"是否有效 （　　　　）

A. 有效　　　　　　　　　　B. 无效

10. 为强化黑名单的约束力，贵公司认为被列入"黑名单"的企业，其哪些行为应该与之挂钩，受到限制 （可多选，按重要性排序）（　　　　）

A. 直接融资　　　　　　　　B. 银行信贷

C. 税务优惠　　　　　　　　D. 申请国家项目

E. 享受政府财政补贴　　　　F. 其他 ＿＿＿＿＿＿

11. 贵公司认为，应该如何建立完善的"黑名单制度" （可多选，按重要性排序）（　　　　）

A. 要有明确标准，并向社会公布

B. 要有申诉机制，提供渠道

C. 要有合理期限规定，给企业以改进的机会

D. 建立评估恢复机制及相关条件

E. 加强对监管机构的约束，防止滥用职权，侵害企业权益

F. 其他 ＿＿＿＿＿＿

（三）准入监管

12. 贵公司所在行业是否存在来自于政府部门规定的准入门槛 （如企业资质、投资额、技术标准、政府批文、企业规模、企业类型、注册地、经营场地、经营业绩要求等）（　　　　）

A. 是   B. 否

13. 贵公司如何看待主营业务所属行业存在的准入门槛 （　　　　）

A. 高   B. 低

若高，可以调整的是 _____

若低，可以调整的是 _____

14. 贵公司按规定仍需办理的各类许可估计有_____个，耗时最长的许可估计需_____个工作日才能获得。

15. 贵公司认为，针对国内企业的市场准入，是否可采用负面清单制度，以更大程度地推动准入放开（"负面清单"是"负面清单管理模式"的简称，列明了企业不能投资的领域和产业，除此之外的其他行业、领域和经济活动均放开。目前上海自贸区针对外资采用"负面清单"制度）（　　　　）

A. 是   B. 否

（四）投资建设监管

16. 贵公司认为，企业在自建项目上遇到的最突出的监管问题是（可多选，按重要性排序）（　　　　）

A. 很难通过正常渠道达到建筑、消防等的监管要求

B. 质量、安全、环保、消防等监管规则不清晰，监管人员自由裁量空间大

C. 监管程序不透明，企业缺乏预期

D. 审批过程中前置审批、串联审批和审批互为条件等问题严重

E. 检查频繁，处罚随意，增加企业成本

F. 招投标问题较多，缺乏社会和外部监管

G. 政府指定中介服务机构，增加企业经营成本

H. 多头监管，重复检查多

I. 其他 _____

17. 贵公司认为，改进建设领域监管的重点应是（可多选，按重要性排序）（　　　　）

A. 完善并明确监管标准　　　　B. 提高监管透明度

C. 限定审批时限　　　　　　　D. 简化监管流程

E. 提高建设领域市场化程度，增强社会、市场约束力，减少行政监管

F. 统一、整合监管机构　　　　G. 其他 ＿＿＿＿＿＿＿＿

（五）生产经营监管

18. 贵公司目前采用的生产标准与所在行业国际通用标准相比 （　　　）

A. 先进　　　　　　B. 落后　　　　　C. 一致

若落后，落后 （　　　）

A. 1 年　　　　　　B. 3 年　　　　　C. 5 年

D. 1 代　　　　　　E. 2 代　　　　　F.3 代

G. 其他 ＿＿＿＿＿＿＿＿

若先进，先进 （　　　）

A. 1 年　　　　　　B. 3 年　　　　　C. 5 年

D. 1 代　　　　　　E. 2 代　　　　　F. 3 代

G. 其他 ＿＿＿＿＿＿＿＿

19. 贵公司认为，所在行业的国内行业标准是否落后 （　　　）

A. 是　　　　　　　B. 否

若落后，贵公司认为行业标准落后的主要原因是（可多选，按重要性排序）
（　　　）

A. 政府不重视标准制定

B. 缺乏修正标准的权威部门

C. 政府部门和行业协会对标准制定投入不足

D. 行业协会作用不足

E. 标准制定被既得利益集团控制

F. 其他 ＿＿＿＿＿＿＿＿

20. 贵公司认为，主营业务所在行业的行业标准执行情况 （　　　）

A. 好　　　　　　　B. 一般　　　　　　　C. 差

若标准得不到有效落实，主要原因是（可多选，按重要性排序）（　　　　）

A. 标准落后，缺乏权威指导

B. 标准执行投入不足，执行缺乏保障

C. 既得利益集团抵制新标准的执行

D. 标准制定与市场需求脱节

E. 其他 ＿＿＿＿＿＿＿

21. 贵公司认为，完善生产环节监管最有效的方式是（可多选，按重要性排序）（　　　　）

A. 现场检查

B. 利用信息技术等先进技术手段进行监管

C. 委托第三方专业机构进行监管，体现专业性

D. 明确监管法规，让企业了解规则，依靠企业自律

E. 其他 ＿＿＿＿＿＿＿＿＿＿

（六）市场秩序监管

22. 贵公司对当前市场竞争秩序的看法（　　　　）

A. 竞争相对公平　　　　　　　B. 不公平竞争现象严重

23. 贵公司认为，自身所处行业的市场秩序存在的主要问题有（可多选，按重要性排序）（　　　　）

A. 地方保护严重

B. 法规体系不完善

C. 有法不依，执法不严

D. 不同所有制企业在融资、享受政府政策、获取土地等方面不公平

E. 假冒伪劣问题严重

F. 知识产权保护不到位

G. 违规成本低，处罚不到位

H. 很多领域政府管制过多，市场化程度低，竞争不充分

G. 其他 _____

24. 贵公司认为，完善市场公平秩序的主要措施有（可多选，按重要性排序）（　　　）

A. 发挥行业组织作用，加强行业自律监管

B. 培育专业化的中介机构，剥离政府承担的专业管理职能，发挥中介机构监督作用

C. 实行产品可追溯标识制度

D. 提高知识产权的保护力度

E. 加大对扰乱市场秩序行为的处罚力度

F. 建立企业诚信档案，引入黑名单制度

G. 加强媒体等社会监管力量

H. 整合相关监管职能，完善监管组织机构

I. 其他 _____

（七）安全生产监管

25. 贵公司对环保、安全生产等利用社会中介组织来部分履行市场监管职能的看法是（可多选，按重要性排序）（　　　）

A. 体现专业性，避免行政力量过大

B. 担心缺乏权威性，很难承担相关职能，发挥作用有限

C. 担心变成监管部门的附属机构，输送不当利益，提高监管成本

D. 担心中介组织缺乏自律，出现变相寻租行为

E. 其他 _____

26. 贵公司对政府在消防标准水平、制度规定等方面有何评价（可多选，按重要性排序）（　　　）

A. 规定要求高，企业无论如何也很难完全达标

B. 现有规定落后，企业多执行自行标准

C. 基本合理，企业也能做得到

D. 其他 _____

27. 贵公司对消防监管执法有何评价（可多选，按重要性排序）（   ）

A. 以罚款为主，处罚尺度比较随意，缺乏依据

B. 能秉公执法

C. 监管执法不到位，很少来检查

D. 重检查，但缺乏指导性，对企业的改进帮助不大

E. 执法人员业务能力、专业水平不够

28. 贵公司为应对消防监管，更看重的工作是（可多选，按重要性排序）
（   ）

A. 完全按要求来做，能达到监管要求

B. 搞好和监管部门的关系，减少罚款

C. 加大投入，改进企业相关工作，但也很难达到

D. 怎么改进都达不到要求，接受罚款

29. 贵公司对政府在安全生产监管标准水平、制度规定等方面有何评价
（可多选，按重要性排序）（   ）

A. 规定要求高，企业无论如何也很难完全达标

B. 现有规定落后，企业多执行自行标准

C. 基本合理，企业也能做得到

D. 其他 _____

30. 贵公司对安全生产监管执法有何评价（可多选，按重要性排序）（   ）

A. 以罚款为主，处罚尺度比较随意，缺乏依据

B. 能秉公执法

C. 监管执法不到位，很少来检查

D. 重检查，但缺乏指导性，对企业的改进帮助不大

E. 执法人员业务能力、专业水平不够

31. 贵公司为应对安全生产监管，更看重的工作是（可多选，按重要性排

序）（　　　　）

A. 完全按要求来做，能达到监管要求

B. 搞好和监管部门的关系，减少罚款

C. 加大投入，改进企业相关工作，但也很难达到

D. 怎么改进都达不到要求，接受罚款

32. 贵公司对政府在质监标准水平、制度规定方面有何评价（可多选，按重要性排序）（　　　　）

A. 规定要求高，企业很难达到该要求

B. 现有规定落后，企业执行自行标准

C. 基本合理，企业也能做得到

D. 其他 _____

33. 贵公司对产品质量监管执法有何评价（可多选，按重要性排序）（　　　　）

A. 以罚款为主，处罚尺度比较随意，缺乏依据

B. 能秉公执法

C. 监管执法不到位，很少来检查

D. 重检查，但缺乏指导性，对企业的改进帮助不大

E. 执法人员业务能力、专业水平不够

34. 贵公司为应对产品质量监管，更看重的工作是（可多选，按重要性排序）（　　　　）

A. 完全按要求来做，能达到监管要求

B. 搞好和监管部门的关系，减少罚款

C. 加大投入，改进企业相关工作，但也很难达到

D. 怎么改进都达不到要求，接受罚款

35. 贵公司认为，政府在环保标准水平、制度规定方面有何评价（可多选，按重要性排序）（　　　　）

A. 规定要求高，企业很难达到该要求

B. 现有规定落后，企业执行自行标准

C. 基本合理，企业也能做得到

D. 其他 _____

36. 贵公司对环保监管执法方面有何评价（可多选，按重要性排序）（   ）

A. 以罚款为主，处罚尺度比较随意，缺乏依据

B. 能秉公执法

C. 监管执法不到位，很少来检查

D. 重检查，但缺乏指导性，对企业的改进帮助不大

E. 执法人员业务能力、专业水平不够

37. 贵公司为应对环保监管，更看重的工作是（可多选，按重要性排序）
（   ）

A. 完全按要求来做，能达到监管要求

B. 搞好和监管部门的关系，减少罚款

C. 加大投入，改进企业相关工作，但也很难达到

D. 怎么改进都达不到要求，接受罚款

38. 贵公司对政府下达节能减排、环保达标指标考核的做法有何看法（可
多选，按重要性排序）（   ）

A. 指标不合理，脱离企业实际，影响企业正常经营

B. 行政监管方式落后、"一刀切"，企业无法真正落实，助长瞒报虚报

C. 下指标方式不合理，企业只要达到现有行业国家标准，不需遵守行政标
准的限制

D. 指标分配上，有关部门不考虑、不听取企业、行业意见

39. 贵公司对环保、安全生产、消防等监管人员的业务水平（包括法规掌
握情况、现场处理与判断能力等方面）有何评价（   ）

A. 高   B. 不高   C. 一般

（八）税收监管

40. 贵公司一年接待税务检查约_____次，平均每次有_____名检

查人员，平均每次检查耗时＿＿＿＿＿＿个工作日。

41. 贵公司认为，税务监管过程中存在的主要问题是（可多选，按重要性排序）（　　　　）

A. 税法相关规定不具体、不明晰，解读不统一，自由裁量空间大

B. 税收返还不及时，程序不透明

C. 政府相关政策冲突，税收支持政策执行不到位

D. 不同层级税务部门重复检查多、频率高，企业税收检查负担重

E. 税收监管队伍专业素质有待进一步提高

F. 预征、超征现象普遍

G. 其他＿＿＿＿＿＿

（九）融资监管

42. 贵公司在融资中遇到的主要困难和障碍（可多选，按重要性排序）（　　　　）

A. IPO、再融资和发债审批环节多、行政干预多

B. 融资成本高

C. 金融产品少，金融创新难以满足企业需求

D. 企业融资在所有制、规模等方面存在不公平和歧视现象

E. 债券发行多头监管现象严重

F. 其他＿＿＿＿＿＿

43. 贵公司银行信贷融资面临的主要问题是（可多选，按重要性排序）（　　　　）

A. 信贷成本过高　　　　　　B. 审批链条过长

C. 资信审查标准不合理　　　D. 所有制歧视

E. 行政干预　　　　　　　　F. 其他＿＿＿＿＿＿

44. 上市公司融资、再融资的几种方式中，贵公司认为最需要简化审核的是（可多选，按重要性排序）（　　　　）

A. IPO   B. 增发新股   C. 配股

D. 定向增发   E. 可转换公司债券   F.分离交易转债

G. 境外债权融资   H. 其他 _____

45. 企业发行债券过程中，贵公司认为最需要改进的环节是（可多选，按重要性排序）（   ）

    A. 企业债的发行   B. 公司债的发行

    C. 中票、短融的发行   D. 境外债券融资

    E. 债券市场的互联互通   F. 其他 _____

（十）劳动力市场监管

46. 贵公司认为，目前对劳动用工和人员社保方面的监管（   ）

    A. 过严   B. 适中   C. 不足

47. 贵公司认为，劳动力市场遇到的主要问题（可多选，按重要性排序）（   ）

    A. 用工荒，劳动力总量短缺

    B. 劳动力供给结构不合理，熟练技术工人和科研人员难找

    C. 员工流动频繁，企业缺乏权益保护机制

    D. 就业服务体系不足，公共职业教育和技工培训不能满足企业需求

    E. 企业承担的社会保障费用过高

    F. 员工生活方面社会化配套不足（如园区班车、员工宿舍、文化娱乐、医教设施）

    G. 工会或职代会集体协商作用发挥不足，劳动争议处理棘手

    H. 其他 _____

48. 贵公司认为，现有劳动保障制度存在的主要问题（可多选，按重要性排序）（   ）

    A. 非户籍员工难以享受现有保障制度的福利

    B. 现有保障制度全国统筹程度低，限制劳动力流动

C. 用工合同多样化，同工不同酬

D.《劳动合同法》等法规不完善，限制了劳动力的优胜劣汰和企业减员增效

E. 劳资集体协商制度有待进一步完善

F. 其他 _____

（十一）诚信监管

49. 贵公司认为，当前社会诚信总体状况如何（　　　）

A. 恶化　　　　　　　　　　B. 改善

50. 贵公司认为，企业需要政府和社会提供怎样的信用服务（可多选，按重要性排序）（　　　）

A. 方便快捷地获取有关企业工商、税务、银行等信用信息

B. 方便快捷地获取有关企业环保达标和履行社会责任方面的信息

C. 方便快捷地获取有关企业及主要经营者违法违规记录、司法诉讼记录等信息

D. 方便快捷地获取有关企业及主要经营者履行合同记录等信息

E. 其他 _____

51. 目前获取上述诚信信息（　　　）

A. 很容易　　　　　　　　　B. 有途径，但成本高

C. 没有获取途径

52. 如国家加强诚信体系建设，企业是否愿意将本企业信息纳入该体系中（　　　）

A. 是　　　　　　　　　　　B. 否

53. 若贵企业不愿意纳入，主要原因是（　　　）

A. 对诚信体系建设缺乏信心　　B. 担心企业核心经营数据外泄

C. 其他 _____

54. 贵公司在日常经营中遇到哪些突出诚信（信用）问题（可多选，按重要性排序）（　　　）

A. 拖欠货款，"三角债"问题　　B. 合同违约严重

C. 企业财务信息严重失真　　D. 假冒伪劣盛行，制假贩假猖獗

E. 其他 _____

55. 贵公司认为加强诚信监管重点在（可多选，按重要性排序）（　　）

A. 整合相关机构，统一行使相关职能，防止信息分割

B. 整合公安、税务、银行、证券、劳动、安全等部门的信息，实现信息互通互联，信息共享

C. 提高信息采集水平

D. 大力发展评估评级与服务等第三方机构

E. 其他 _____

（十二）企业退出监管

56. 贵公司近年来是否对所属企业进行过破产清算（　　）

A. 是　　B. 否

如有，破产清算耗时 _____ 个工作日。

57. 贵公司认为，在所属企业破产清算中遇到的主要问题是（可多选，按重要性排序）（　　）

A. 地方政府维稳压力大

B. 职工安置

C. 银行等债权人因保护自身利益不同意破产

D. 土地、债务等历史遗留问题多

E. 向法院申请破产程序复杂，不易受理

F. 相关法规滞后

G. 缺少政策支持

H. 其他 _____

58. 贵公司是否认为破产是让落后企业退出市场的更好方式（　　）

A. 是　　B. 否

59. 贵公司认为企业转让退出（包括丧失控股地位、被兼并）存在的主要问题是（可多选，按重要性排序）（　　　）

A. 产权转让信息不公开，难以寻找合适受让方

B. 产权转让程序复杂

C. 职工存在抵触情绪，职代会难以通过

D. 土地、债务等历史遗留问题多

E. 产权流转体制不顺畅

F. 兼并交易环节税负重，削弱并购积极性

60. 贵公司对完善企业退出方式有何建议：

_____

61. 贵公司所属企业在注销、破产清算、产权流转、被兼并、重整等退出相关方面遇到哪些困难和问题？有何改进建议？

简答：_____

二、问卷分析

本次问卷主要针对企业在经济活动中经常遇到的市场监管进行调查，包含企业设立、开展经营活动、企业融资、企业退出等由生到退出的主要环节，并对影响企业经营行为较大的外部性监管和行业性监管内容也进行了调研。问卷分析情况如下：

（一）调查基本情况

问卷调查的对象全部是境内上市公司，回收有效问卷860份。

1. 调研样本所有制类型齐全

参与调查的企业中，43.0%的为国有及国有控股企业，53.7%的为民营及民

营控股企业，另 3.3%为外资及外资控股企业，见表 10-1。

表 10-1　企业类型

	次数	百分比（%）
民营及民营控股企业	462	53.7
国有及国有控股企业	370	43.0
外资及外资控股企业	28	3.3

2. 调查样本基本覆盖了上市公司的全部行业类型

参与调查的企业中，制造业占 57.6%，批发和零售业占 7.4%，信息传输、软件和信息技术服务业占 5.5%，交通运输仓储和邮政业占 4.3%，房地产业占 3.7%，其他行业占 21.5%，同上市公司整体的行业分布大体相同，见表 10-2。

表 10-2　企业所属行业

	次数	百分比（%）
制造业	495	57.6
批发和零售业	64	7.4
信息传输、软件和信息技术服务业	47	5.5
交通运输仓储和邮政业	37	4.3
房地产业	32	3.7
其他	185	21.5

3. 调查样本覆盖主板、中小板、创业板

调查样本中，57.1%的为主板上市公司，29.9%的为中小板上市公司，13.0%的为创业板上市公司，同上市公司整体的分布基本相同，见表 10-3。

表 10-3　企业上市板块

	次数	百分比（%）
主板	491	57.1
中小板	257	29.9
创业板	112	13.0

4. 调查样本覆盖东、中、西部地区

调查样本中，注册地属于东部沿海省份的占 62.9%，中部的占 16.5%，西部的占 20.6%，见表 10-4。

表 10-4　企业注册地

	次数	百分比（%）
东部	541	62.9
中部	142	16.5
西部	177	20.6

（二）对市场监管的总体评价

1. 企业普遍认为市场监管亟待改进和完善

被调查企业中，有 76.2% 的企业认为完善市场监管非常具有紧迫性，22.0% 的企业认为紧迫性程度一般，只有 0.8% 的企业认为完善市场监管不具有紧迫性。

从地区差异看，西部地区的企业认为完善市场监管的紧迫性程度最高，有 81.8% 的企业认为完善市场监管具有紧迫性，这一比例高于东部地区 76.3% 和中部地区 74.1% 的比例，见表 10-5。

表 10-5　企业对完善市场监管紧迫性的看法（分地区）

单位：%

	东部	中部	西部	全国
紧迫	76.3	74.1	81.8	76.2
一般	22.8	25.2	17.6	22.0
不紧迫	0.9	0.7	0.6	0.8

从分行业情况看，房地产业、交通运输仓储和邮政业、批发和零售业三个行业的企业认为完善市场监管的紧迫性更高。87.5% 的房地产业、81.1% 的交通运输仓储和邮政业、82.5% 的批发和零售企业认为市场监管迫切需要完善，比例高于制造业的 75.9%。在新兴的信息传输、软件和信息技术服务业，这一比

例为 66.0%，相对较低，见表 10-6。

表 10-6　企业对完善市场监管紧迫性的看法（分行业）

单位：%

	制造业	房地产业	交通运输仓储和邮政业	批发和零售业	信息传输、软件和信息技术服务业
紧迫	75.9	87.5	81.1	82.5	66.0
一般	23.1	12.5	18.9	17.5	31.9
不紧迫	1.0	0.0	0.0	0.0	2.1

2. 对改进市场监管的效果存有顾虑

尽管企业认为市场监管亟待改进和完善，但有八成以上的企业对完善监管的路径和效果等存有顾虑，担心改革可能低效、无效，甚至会起反作用。被调查企业中，有 81.2%"担心进一步强化政府对企业的干预，市场秩序却得不到改善"，65.1%"担心政府仍用传统方式来干预经济"，45.6%"担心政府扩大编制，增加经费，机构臃肿"，仅有 7.8%的被调查企业选择对改进市场监管没有顾虑。

从地区情况看，中部企业的顾虑最多，仅有 4.2%的企业选择对改革没有顾虑，低于东部 7.4%和西部 11.9%的比例，见表 10-7。

表 10-7　企业对改进市场监管的顾虑（分地区）

单位：%

	东部	中部	西部	全国
担心进一步强化政府对企业的干预，市场秩序却得不到改善	82.3	81.7	77.4	81.2
担心政府扩大编制，增加经费，机构臃肿	46.2	43.7	45.2	45.6
担心政府仍用传统方式来干预经济	64.7	66.9	65.0	65.1
无顾虑	7.4	4.2	11.9	7.8

从行业情况看，批发和零售业以及房地产业对改进市场监管的顾虑最多。仅有 4.7%的批发和零售企业和 6.3%的房地产企业选择对改革没有顾虑，低于

整体平均水平，见表 10-8。

表 10-8　企业对改进市场监管的顾虑（分行业）

单位：%

	制造业	房地产业	交通运输仓储和邮政业	批发和零售业	信息传输、软件和信息技术服务业
担心进一步强化政府对企业的干预，市场秩序却得不到改善	81.9	81.3	73.0	87.5	89.4
担心政府扩大编制，增加经费，机构臃肿	47.7	40.6	40.5	48.4	46.8
担心政府仍用传统方式来干预经济	65.4	62.5	64.9	70.3	59.6
无顾虑	7.8	6.3	10.8	4.7	8.5

3. 多数企业认为改进市场监管应该力度适中，循序渐进

被调查企业中，有 84.8% 认为改进市场监管应该"循序渐进，给企业一个较长的适应期"，24.2% 认为"应该下猛药，大力改善市场经济秩序"。此外，还有 5.7% 的企业认为"由于监管改革难度太大，对改善监管不抱希望"。

从地区情况看，西部企业认为市场监管改革"应该下猛药，大力改善市场经济秩序"的比例为 28.8%，明显高于东部企业 23.7% 和中部企业 20.4% 的比例，表明西部企业对改革更为迫切，这一情况同前面各地区企业对改革迫切性的认识相互吻合。此外，东部地区持"由于监管改革难度太大，对改善监管不抱希望"态度的企业占 6.8%，高于中部 5.6%、西部 2.3% 的比例，显示在经济较成熟地区，进一步改革的难度可能更高，见表 10-9。

表 10-9　企业对政府改进市场监管力度的看法（分地区）

单位：%

	东部	中部	西部	全国
应该下猛药，大力改善市场经济秩序	23.7	20.4	28.8	24.2
循序渐进，给企业一个较长的适应期	86.0	88.0	78.5	84.8
由于监管改革难度太大，对改善监管不抱希望	6.8	5.6	2.3	5.7
其他	0.9	0.7	1.1	0.9

从行业情况看，有 34.4% 的房地产企业认为监管改革"应该下猛药，大力改善市场经济秩序"，远远高于其他行业，房地产企业认为政府应该加大市场监管改革力度的呼声最高，见表 10-10。

表 10-10　企业对政府改进市场监管力度的看法（分行业）

单位：%

	制造业	房地产业	交通运输仓储和邮政业	批发和零售业	信息传输、软件和信息技术服务业
应该下猛药，大力改善市场经济秩序	23.7	34.4	18.9	23.4	14.9
循序渐进，给企业一个较长的适应期	85.1	84.4	86.5	81.3	91.5
由于监管改革难度太大，对改善监管不抱希望	6.0	0.0	5.4	3.1	6.4
其他	0.2	3.1	5.4	3.1	2.1

（三）对工商监管的看法

1. 过去 1 年受到工商处罚的只占极少数，主要形式是罚款

被调查企业中，有 2.1% 在过去 1 年中受到过工商处罚。其中，80% 的处罚方式为罚款。面对处罚，有 63.6% 的企业即使不服处罚，也选择不进行申诉。

从地区情况看，中部企业受到处罚的比例更高，为 4.2%，明显高于东部企业 1.3% 和西部企业 2.8% 的比例，见表 10-11。

表 10-11　企业在过去 1 年中是否受到过工商处罚（分地区）

单位：%

	东部	中部	西部	全国
是	1.3	4.2	2.8	2.1
否	98.7	95.8	97.2	97.9

从行业情况看，批发和零售企业受工商处罚的比例最高，为 4.8%，明显高于其他行业，见表 10-12。

表 10-12　企业在过去 1 年中是否受到过工商处罚（分行业）

单位：%

	制造业	房地产业	交通运输仓储和邮政业	批发和零售业	信息传输、软件和信息技术服务业
是	1.8	0.0	0.0	4.8	2.1
否	98.2	100.0	100.0	95.2	97.9

2. 对违规企业采用"黑名单制度"有效

工商部门为强化诚信规范管理，对违规企业采用了"黑名单制度"。被调查企业中，有 92.1% 认为这一制度对于促进企业诚信经营是有效的。

从地区情况看，东部地区略高于西部和中部。有 92.5% 的东部企业认为"黑名单制度"有效，高于西部 92% 和中部 90.7% 的比例，见表 10-13。

表 10-13　企业对"黑名单制度"有效性的看法（分地区）

单位：%

	东部	中部	西部	全国
有效	92.5	90.7	92.0	92.1
无效	7.5	9.3	8.0	7.9

从行业情况看，制造业以及批发和零售业对"黑名单制度"有效性的评价相对较低。91.4% 的制造业企业、93.4% 的批发和零售业企业认为"黑名单制度"是有效的，这一比例明显低于房地产业、交通运输仓储和邮政业、信息传输软件和信息技术服务业等行业，见表 10-14。

表 10-14　企业对"黑名单制度"有效性的看法（分行业）

单位：%

	制造业	房地产业	交通运输仓储和邮政业	批发和零售业	信息传输、软件和信息技术服务业
有效	91.4	96.9	97.3	93.4	100.0
无效	8.6	3.1	2.7	6.6	0.0

3. 被列入"黑名单"的企业最应在税收融资方面受到限制

86.7% 的被调查企业认为"黑名单制度"应该同企业的税收挂钩，82.3% 的被调查企业认为其直接融资应当受限，81.4% 的被调查企业认为其银行贷款应当受限。除此之外，在享受政府财政补贴、申请国家项目上，尽管比例略低，但仍有七成左右的企业认为"黑名单制度"应该同这些事项挂钩。

从地区情况看，东、中、西部地区企业对此项问题的认识没有明显差异。只是中部地区企业认为"黑名单制度"应该同享受政府财政补贴挂钩的比例（占82.4%）明显高于东部（占78.6%）和西部（占73.4%）地区的企业，见表10–15。

表 10–15 企业认为"黑名单"企业的哪些行为应该与之挂钩，受到限制（分地区）

单位：%

	东部	中部	西部	全国
直接融资	82.8	81.0	81.9	82.3
银行信贷	81.3	80.3	82.5	81.4
税务优惠	87.2	82.4	88.7	86.7
申请国家项目	67.8	73.2	71.2	69.4
享受政府财政补贴	78.6	82.4	73.4	78.1
其他	1.3	2.1	1.7	1.5

从行业情况看，对于最应与"黑名单制度"挂钩的行为，制造业、房地产业，以及信息传输、软件和信息技术服务业的企业认为是税务优惠，交通运输仓储和邮政业的企业认为是银行贷款，而批发和零售业的企业认为是直接融资，见表10–16。

表 10–16 企业认为"黑名单"企业的哪些行为应该与之挂钩，受到限制（分行业）

单位：%

	制造业	房地产业	交通运输仓储和邮政业	批发和零售业	信息传输、软件和信息技术服务业
直接融资	82.9	84.4	83.8	82.8	87.2
银行信贷	81.9	84.4	86.5	76.6	87.2
税务优惠	86.3	93.8	78.4	81.3	89.4
申请国家项目	70.8	81.3	70.3	59.4	70.2
享受政府财政补贴	80.7	84.4	67.6	70.3	78.7
其他	1.8	3.1	0.0	1.6	0.0

4. 公开透明和申诉机制是完善"黑名单制度"的重要措施

对于如何建立和完善"黑名单制度"，94.0%的企业认为"黑名单"制度

"要有明确标准，并向社会公布"，86.4%的企业认为"要有申诉机制，提供渠道"，83.6%的企业认为"要有合理期限规定，给企业以改进的机会"，80.3%的企业认为应"加强对监管机构的约束，防止滥用职权，侵害企业权益"，75.1%的企业认为应"建立评估恢复机制及相关条件"。

从分地区和分行业情况来看，在该问题上均没有明显的地区和行业差异，表明企业对此问题认识趋同，见表 10-17 和表 10-18。

表 10-17 企业对完善"黑名单制度"的建议（分地区）

单位：%

	东部	中部	西部	全国
要有明确标准，并向社会公布	93.0	94.4	96.6	94.0
要有申诉机制，提供渠道	85.6	88.0	87.6	86.4
要有合理期限规定，给企业以改进的机会	81.7	86.6	87.0	83.6
建立评估恢复机制及相关条件	71.9	78.9	81.9	75.1
加强对监管机构的约束，防止滥用职权，侵害企业权益	79.3	83.1	81.4	80.3
其他	1.7	2.1	0.0	1.4

表 10-18 企业对完善"黑名单制度"的建议（分行业）

单位：%

	制造业	房地产业	交通运输仓储和邮政业	批发和零售业	信息传输、软件和信息技术服务业
要有明确标准，并向社会公布	94.2	96.9	89.2	92.2	97.9
要有申诉机制，提供渠道	86.3	93.8	86.5	90.6	89.4
要有合理期限规定，给企业以改进的机会	83.7	84.4	81.1	87.5	87.2
建立评估恢复机制及相关条件	75.7	81.3	73.0	71.9	80.9
加强对监管机构的约束，防止滥用职权，侵害企业权益	82.1	93.8	78.4	76.6	85.1
其他	1.4	0.0	2.7	0.0	0.0

（四）对市场准入的看法

1. 2/3 企业表示所在行业存在准入门槛

被调查企业中，有 66.4%表示所在行业存在来自于政府部门规定的准入门槛，主要包括企业资质、投资额、技术标准、政府批文、企业规模、企业类型、注册地、经营场地、经营业绩要求等。

从地区情况看，经济越发达、市场活跃程度越高的地区准入门槛越少。62.6%的东部地区被调查企业表示所在行业存在来自于政府部门规定的准入门槛，明显低于中部地区70.9%和西部地区74.3%的比例。这可能是由于东部地区经济发展较早，市场更为开放，市场化程度更高，同时企业行业分布较为广泛、经营类型和模式多样，在完全竞争或充分市场化行业中经营的企业并不面临政府强行设定的准入门槛。在西部地区，市场经济制度尚在完善之中，企业也主要集中在能源、交通运输仓储和邮政业等基础性行业或信息技术等受限制行业中，存在准入门槛的情形更普遍，见表10-19。

表10-19　企业所在行业是否存在来自于政府部门规定的准入门槛（分地区）

单位：%

	东部	中部	西部	全国
是	62.6	70.9	74.3	66.4
否	37.4	29.1	25.7	33.6

从行业情况看，房地产业，交通运输仓储和邮政业，信息传输、软件和信息技术服务业，政府设立的准入门槛更为普遍。93.7%的房地产企业，83.4%的交通运输仓储和邮政业企业，71.7%的信息传输、软件和信息技术服务业企业表示所在行业存在来自于政府部门规定的准入门槛，比例显著高于制造业61.6%、批发和零售业46.7%的比例，见表10-20。

表10-20　企业所在行业是否存在来自于政府部门规定的准入门槛（分行业）

单位：%

	制造业	房地产业	交通运输仓储和邮政业	批发和零售业	信息传输、软件和信息技术服务业
是	61.6	93.7	83.4	46.7	71.7
否	38.4	6.3	16.6	53.3	28.3

2. 多数企业认为主营业务所属行业的准入门槛偏低

被调查企业中，有57.7%认为其主营业务所属行业存在的准入门槛偏低，

42.3%的企业则表示准入门槛偏高。这一结果可能同被调查企业为上市公司有关。上市公司多为各行业的领先企业，具有希望提高准入门槛以减少竞争者的偏向性。

从地区情况看，与是否存在准入门槛的回答相一致，东部地区企业认为准入门槛偏低的比例高于中、西部。59.4%的东部企业认为所属行业存在的准入门槛偏低，而这一比例在中部为57.8%，西部为52.6%，见表10-21。

表 10-21　企业如何看待主营业务所属行业存在的准入门槛（分地区）

单位：%

	东部	中部	西部	全国
高	40.6	42.2	47.4	42.3
低	59.4	57.8	52.6	57.7

从行业情况看，多数制造业、批发和零售行业的企业认为行业准入门槛标准偏低，比例分别为61.9%和68%，明显高于房地产企业50%、交通运输仓储和邮政业企业51.6%以及信息传输、软件和信息技术服务业46.6%的比例。相应地，仅有38.1%的制造业和32%的批发和零售行业企业认为行业准入门槛偏高，而这一比例在其他行业接近五成甚至高于五成。调研结果表明更多的制造业、批发和零售行业企业认为行业准入门槛应该提高，而信息传输、软件和信息技术服务业的准入门槛标准可能过高了，见表10-22。

表 10-22　企业如何看待主营业务所属行业存在的准入门槛（分行业）

单位：%

	制造业	房地产业	交通运输仓储和邮政业	批发和零售业	信息传输、软件和信息技术服务业
高	38.1	50.0	48.4	32.0	53.4
低	61.9	50.0	51.6	68.0	46.6

3. 近九成企业赞同采用负面清单制度

"负面清单"是"负面清单管理模式"的简称，列明了企业不能投资的领域和产业，除此之外的其他行业、领域和经济活动均放开。目前，上海自由贸易区针对外资采用了"负面清单"制度，被调查企业针对国内企业的市场准入是否可实行负面清单制度，有 90.5% 认为可采用负面清单制度。

从地区情况看，西部和东部地区企业对"负面清单"制度的赞同程度基本相同，且高于中部地区企业。92.4% 的西部企业赞同采用负面清单制度，东部为 91.3%，中部为 85.2%。相对应地，有 14.8% 的中部被调查企业反对采用负面清单制度，明显高于东部 8.7% 和西部 7.6% 的比例。这一结果反映中部地区对敞开竞争担忧程度较高，这一方面可能是企业担心市场一旦放开自身利益受到冲击，也有可能是企业对政府监管能力以及市场秩序能否得到维持的顾虑，见表 10-23。

表 10-23　企业是否赞同采用负面清单制度（分地区）

单位：%

	东部	中部	西部	全国
是	91.3	85.2	92.4	90.5
否	8.7	14.8	7.6	9.5

从行业情况看，各行业均有接近或超过九成的企业赞同负面清单制度，其中房地产行业的赞同比例高达 96.9%，反映了其对放松门槛限制的迫切需求。批发和零售业企业赞同采用负面清单制度的比例为 86.2%，明显低于其他行业，表明越是竞争充分的行业，对负面清单制度的需求越不强烈，见表 10-24。

表 10-24　企业是否赞同采用负面清单制度（分行业）

单位：%

	制造业	房地产业	交通运输仓储和邮政业	批发和零售业	信息传输、软件和信息技术服务业
是	90.2	96.9	91.7	86.2	91.3
否	9.8	3.1	8.3	13.8	8.7

（五）对投资建设监管的看法

1. 串联审批、规则不清和多头监管是企业在自建项目上遇到的最主要问题

被调查企业中，58.1% 选择了"审批过程中前置审批、串联审批和审批互为条件等问题严重"，比例最高。46.4% 选择了"多头监管，重复检查多"，

45.9%选择了"质量、安全、环保、消防等监管规则不清晰，监管人员自由裁量空间大"。

从地区情况看，各地区在自建项目上遇到的监管问题基本趋同。最突出的问题都是"审批过程中前置审批、串联审批和审批互为条件等问题严重"。其中，西部企业反映最为强烈，比例高达63.8%，东部和中部分别达到56.0%和59.2%。在"监管程序不透明，企业缺乏预期"问题上，东部和西部比例分别为43.8%和42.4%，远高于中部反映的35.9%，见表10-25。

表10-25　企业在自建项目上遇到的最突出的监管问题（分地区）

单位：%

	东部	中部	西部	全国
很难通过正常渠道达到建筑、消防等的监管要求	22.9	23.2	27.7	24.0
质量、安全、环保、消防等监管规则不清晰，监管人员自由裁量空间大	47.3	43.7	43.5	45.9
监管程序不透明，企业缺乏预期	43.8	35.9	42.4	42.2
审批过程中前置审批、串联审批和审批互为条件等问题严重	56.0	59.2	63.8	58.1
检查频繁，处罚随意，增加企业成本	21.4	29.6	27.1	24.0
招投标问题较多，缺乏社会和外部监管	20.0	26.8	23.7	21.9
政府指定中介服务机构，增加企业经营成本	28.3	31.0	31.6	29.4
多头监管，重复检查多	44.2	50.7	49.7	46.4
其他	1.7	3.5	0.6	1.7

从行业情况看，"审批过程中前置审批、串联审批和审批互为条件等问题严重"同样是各行业企业反映的最突出问题。其中，制造业企业反映最为强烈，比例高达60.6%；交通运输仓储和邮政业位居其次，比例为56.8%；再次是房地产业，比例为56.3%；又次是信息传输、软件和信息技术服务业，比例为51.1%、最后是批发和零售业，比例为45.3%。此外，制造业、交通运输仓储和邮政业、房地产业、批发和零售业面临的第二大问题都是"质量、安全、环保、消防等监管规则不清晰，监管人员自由裁量空间大"，比例分别达到47.5%、45.9%、46.9%和40.6%。信息传输、软件和信息技术服务业面临的第二大问题为"多头监管，重复检查多"，比例为42.6%，见表10-26。

表 10-26　企业在自建项目上遇到的最突出的监管问题（分行业）

单位：%

	制造业	房地产业	交通运输仓储和邮政业	批发和零售业	信息传输、软件和信息技术服务业
很难通过正常渠道达到建筑、消防等的监管要求	23.9	21.9	21.6	21.9	29.8
质量、安全、环保、消防等监管规则不清晰，监管人员自由裁量空间大	47.5	46.9	45.9	40.6	42.6
监管程序不透明，企业缺乏预期	42.9	40.6	27.0	37.5	51.1
审批过程中前置审批、串联审批和审批互为条件等问题严重	60.6	56.3	56.8	45.3	51.1
检查频繁，处罚随意，增加企业成本	24.5	21.9	27.0	17.2	12.8
招投标问题较多，缺乏社会和外部监管	24.3	21.9	8.1	14.1	21.3
政府指定中介服务机构，增加企业经营成本	31.2	21.9	43.2	21.9	21.3
多头监管，重复检查多	43.7	56.3	45.9	39.1	42.6
其他	2.0	0.0	2.7	0.0	2.1

2. 简化流程、明确标准是改进投资建设领域监管的重点

被调查企业中，有 76.2%认为要改进、完善投资建设领域监管，应该"简化监管流程"，比例最高。其次是"完善并明确监管标准"，比例为 71.5%。

从分地区情况看，东部、中部和西部被调查企业均把"简化监管流程"列为最迫切的改革重点。东部和西部位列第二的问题为"完善并明确监管标准"，而中部为"提高监管透明度"，见表 10-27。

表 10-27　改进建设领域监管的重点（分地区）

单位：%

	东部	中部	西部	全国
完善并明确监管标准	70.8	71.1	74.0	71.5
提高监管透明度	67.8	73.9	70.6	69.4
限定审批时限	68.4	72.5	71.8	69.8
简化监管流程	75.4	76.8	78.0	76.2
提高建设领域市场化程度，增强社会、市场约束力，减少行政监管	58.2	64.1	64.4	60.5
统一、整合监管机构	47.7	43.7	46.3	46.7
其他	0.2	0.7	1.1	0.5

从分行业的情况看，制造业、房地产业、最迫切的改革诉求集中于"简化监管流程"，比例皆为78.1%，交通运输和仓储邮政业诉求最强的改革是"完善并明确监管标准"，比例高达89.2%，而批发和零售业及信息传输、软件和信息技术服务业最希望"提高监管透明度"，见表10-28。

表 10-28 改进建设领域监管的重点（分行业）

单位：%

	制造业	房地产业	交通运输仓储和邮政业	批发和零售业	信息传输、软件和信息技术服务业
完善并明确监管标准	69.6	68.8	89.2	70.3	76.6
提高监管透明度	68.8	71.9	70.3	76.6	76.6
限定审批时限	71.2	71.9	64.9	65.6	74.5
简化监管流程	78.1	78.1	67.6	71.9	72.3
提高建设领域市场化程度，增强社会、市场约束力，减少行政监管	62.6	62.5	59.5	39.1	63.8
统一、整合监管机构	46.9	56.3	40.5	46.9	42.6
其他	0.6	0.0	0.0	0.0	0.0

（六）生产经营监管

1. 多数企业认为目前采用的生产标准与国际通用标准一致

被调查企业中，72.4%认为本身所采用的生产标准与所在行业的国际通用标准一致。4.6%认为落后于国际通用标准，23.1%认为领先国际通用标准。在认为自己落后的公司中，25.5%的公司认为落后5年，17%的公司认为自己落后3年，17%的公司认为自己落后1年。认为自己先进的公司中，24.6%的公司认为自己先进3年，23.2%的公司认为自己先进1年。

从分地区的情况来看，东部被调查企业中认为自己先进于国际标准的比例最高，达到25.6%，而西部和中部分别只有20.6%和16.8%。西部企业认为自己落后于国际标准的比例为5.3%，高于东部4.5%和中部3.6%的比例，见表10-29。

表 10-29　公司目前采用的生产标准与所在行业国际通用标准相比（分地区）

单位：%

	东部	中部	西部	全国
先进	25.6	16.8	20.6	23.1
落后	4.5	3.6	5.3	4.6
一致	69.9	79.6	74.1	72.4
若落后，落后				
1 年	19.4	25.0	8.3	17.0
3 年	12.9	25.0	25.0	17.0
5 年	32.3	0.0	16.7	25.5
1 代	19.4	50.0	33.3	25.5
2 代	6.5	0.0	8.3	6.4
3 代	3.2	0.0	0.0	2.1
其他	6.5	0.0	8.3	6.4
若先进，先进				
1 年	4.3	2.1	4.0	23.2
3 年	19.4	2.8	14.3	24.6
5 年	9.0	0.7	20.0	14.1
1 代	15.7	4.2	5.7	20.4
2 代	3.7	0.0	8.6	5.6
3 代	1.5	0.0	0.0	1.4
其他	6.7	2.1	8.6	10.6

从分行业情况看，各行业被调查对象都倾向于认为自己和国际通用标准一致。制造业相对其他行业更倾向于认为自己先进于国际标准，比例为 28.0%，房地产行业更倾向于认为自己落后于国际标准，比例为 6.7%，见表 10-30。

表 10-30　公司目前采用的生产标准与所在行业国际通用标准相比（分行业）

单位：%

	制造业	房地产业	交通运输仓储和邮政业	批发和零售业	信息传输、软件和信息技术服务业
先进	28.0	3.3	14.3	11.1	19.5
落后	3.8	6.7	2.9	3.7	4.4
一致	68.2	90.0	82.9	85.2	76.1
若落后，落后					
1 年	8.7	0.0	0.0	50.0	50.0
3 年	26.1	0.0	0.0	50.0	0.0
5 年	26.1	100.0	0.0	0.0	25.0

续表

	制造业	房地产业	交通运输仓储和邮政业	批发和零售业	信息传输、软件和信息技术服务业
1代	26.1	0.0	0.0	0.0	0.0
2代	4.3	0.0	0.0	0.0	25.0
3代	0.0	0.0	100.0	0.0	0.0
其他	8.7	0.0	0.0	0.0	0.0
若先进，先进					
1年	20.2	100.0	50.0	66.7	42.9
3年	26.9	0.0	50.0	0.0	0.0
5年	14.4	0.0	0.0	33.3	0.0
1代	21.2	0.0	0.0	0.0	28.6
2代	5.8	0.0	0.0	0.0	0.0
3代	0.0	0.0	0.0	0.0	28.6
其他	11.5	0.0	0.0	0.0	0.0

2. 多数企业认为国内行业标准不落后

被调查企业中，75.7%认为所在行业的标准并不落后，24.3%认为落后。认为行业标准落后的企业，将"缺乏修正标准的权威部门"和"政府部门和行业协会对标准制定投入不足"和"协会作用不足"选为最主要的原因，比例分别为15.6%、14.5%和9.5%。

从分地区情况看，"缺乏修正标准的权威部门"、"政府部门和行业协会对标准制定投入不足"、"行业协会作用不足"仍是各地区企业认为造成行业标准落后的最主要原因。相对而言，中部对"行业协会作用不足"给予更高的重视，比例达到48.3%，远高于东部39.2%和西部39.5%的比例，见表10-31。

表10-31　公司所在行业的国内行业标准是否落后（分地区）

单位：%

	东部	中部	西部	全国
是	24.9	21.1	25.0	24.3
否	75.1	78.9	75.0	75.7
若落后，贵公司认为行业标准落后的主要原因是				
政府不重视标准制定	33.8	34.5	34.9	8.0
缺乏修正标准的权威部门	67.7	69.0	60.5	15.6

续表

	东部	中部	西部	全国
政府部门和行业协会对标准制定投入不足	61.5	65.5	60.5	14.5
行业协会作用不足	39.2	48.3	39.5	9.5
标准制定被既得利益集团控制	16.2	20.7	20.9	4.2
其他	3.1	3.4	9.3	1.0

从分行业的情况看，几大行业的被调查企业均认为国内行业标准并不落后，但信息传输、软件和信息技术服务业认为行业标准落后的企业比例最高，为34%。交通运输仓储和邮政业的比例最低，只有8.3%。"政府部门和行业协会对标准制定投入不足"是房地产业（占66.7%）、交通运输仓储和邮政业（占66.7%）、批发和零售业（占100%）、信息传输、软件和信息技术服务业（占93.8%）都认同的造成行业标准落后的最主要原因，而制造业认为最主要的原因是"缺乏修正标准的权威部门"，见表10-32。

表 10-32 公司所在行业的国内行业标准是否落后（分行业）

单位：%

	制造业	房地产业	交通运输仓储和邮政业	批发和零售业	信息传输、软件和信息技术服务业
是	24.7	19.4	8.3	12.9	34.0
否	75.3	80.6	91.7	87.1	66.0
若落后，贵公司认为行业标准落后的主要原因是					
政府不重视标准制定	34.7	0.0	0.0	57.1	25.0
缺乏修正标准的权威部门	74.4	33.3	0.0	100.0	50.0
政府部门和行业协会对标准制定投入不足	58.7	66.7	66.7	100.0	93.8
行业协会作用不足	44.6	50.0	0.0	85.7	25.0
标准制定被既得利益集团控制	19.0	16.7	0.0	42.9	12.5
其他	5.8	0.0	0.0	0.0	0.0

3. 一半企业认为所在行业标准执行效果并不好

被调查企业中，认为所在行业标准执行较好的占50.5%，一般和较差的占49.5%。对于执行效果不好的原因，企业认为最主要的是"标准执行投入不足，执行缺乏保障"、"标准制定与市场需求脱节"和"标准落后，缺乏权威指导"，占比分别为 39.3%、25.9% 和 21.0%。

从分地区情况看，西部被调查企业认为行业标准执行效果好的比例最高，为 55.0%，中部地区认为执行效果有待进一步提高的比例最高，为 52.5%。对于标准得不到有效落实的原因，西部企业选择"标准执行投入不足，执行缺乏保障"和"标准制定与市场需求脱节"，比例分别为 49.4% 和 31.2%，明显高于东部企业和中部企业，见表 10-33。

表 10-33　主营业务所在行业的行业标准执行情况（分地区）

单位：%

	东部	中部	西部	全国
好	49.8	47.5	55.0	50.5
一般	47.7	50.4	41.5	46.8
差	2.5	2.1	3.5	2.7
若标准得不到有效落实，主要原因是				
标准落后，缺乏权威指导	22.3	19.2	26.0	21.0
标准执行投入不足，执行缺乏保障	39.0	45.2	49.4	39.3
既得利益集团抵制新标准的执行	12.9	9.6	20.8	12.8
标准制定与市场需求脱节	27.3	24.7	31.2	25.9
其他	0.4	1.4	2.6	1.0

从分行业情况看，交通运输仓储和邮政业被调查企业最认同所在行业标准执行良好，比例高达 69.5%，而房地产被调查企业认为执行效果有待进一步提高的比例最高，为 59.4%，见表 10-34。

表 10-34　主营业务所在行业的行业标准执行情况（分行业）

单位：%

	制造业	房地产业	交通运输仓储和邮政业	批发和零售业	信息传输、软件和信息技术服务业
好	51.1	40.6	69.5	47.4	53.2
一般	45.7	59.4	27.7	52.6	44.7
差	3.2	0.0	2.8	0.0	2.1
若标准得不到有效落实，主要原因是					
标准落后，缺乏权威指导	24.1	5.3	9.1	13.3	40.9
标准执行投入不足，执行缺乏保障	43.2	42.1	18.2	23.3	68.2
既得利益集团抵制新标准的执行	13.7	15.8	9.1	10.0	18.2

续表

	制造业	房地产业	交通运输仓储和邮政业	批发和零售业	信息传输、软件和信息技术服务业
标准制定与市场需求脱节	29.0	10.5	0.0	23.3	36.4
其他	0.8	0.0	0.0	0.0	0.0

4. 先进技术和企业自律是完善生产环节监管的有效方式

对于完善生产环节监管最有效的方式，67.0%的被调查企业中选择了"明确监管法规，让企业了解规则，依靠企业自律"，比例最高。其次是"利用信息技术等先进技术手段进行监管"，比例为 64.9%。"委托第三方专业机构进行监管，体现专业性"和"现场检查"的比例分别为 47.9%和 44.1%。

从分地区情况看，西部企业对"现场检查"的诉求相较而言更强，比例达到 52.5%，远超出东部企业 41.8%和中部企业 42.3%的比例。此外，西部企业还特别重视"利用信息技术等先进技术手段进行监管"，选择此项的企业最多，而东部企业和中部企业选择最多的是"明确监管法规，让企业了解规则，依靠企业自律"，见表 10-35。

表 10-35 完善生产环节监管最有效的方式（分地区）

单位：%

	东部	中部	西部	全国
现场检查	41.8	42.3	52.5	44.1
利用信息技术等先进技术手段进行监管	63.4	66.2	68.4	64.9
委托第三方专业机构进行监管，体现专业性	46.2	49.3	52.0	47.9
明确监管法规，让企业了解规则，依靠企业自律	67.5	70.4	62.7	67.0
其他	0.9	2.1	0.0	0.9

从分行业的情况看，除批发和零售业外，其他行业的被调查企业都认为"明确监管法规，让企业了解规则，依靠企业自律"是完善生产环节监管的最有效手段，选择此项的企业比例最高。而批发和零售业被调查对象则选择"利用信息技术等先进技术手段进行监管"的比例最高，见表 10-36。

表 10-36　完善生产环节监管最有效的方式（分行业）

单位：%

	制造业	房地产业	交通运输仓储和邮政业	批发和零售业	信息传输、软件和信息技术服务业
现场检查	42.3	50.0	56.8	35.9	40.4
利用信息技术等先进技术手段进行监管	65.2	71.9	64.9	65.6	55.3
委托第三方专业机构进行监管，体现专业性	42.7	59.4	59.5	51.6	63.8
明确监管法规，让企业了解规则，依靠企业自律	67.0	78.1	70.3	57.8	74.5
其他	1.2	0.0	0.0	0.0	2.1

（七）对市场秩序监管的看法

1. 约 1/3 的企业认为市场不公平竞争现象严重

被调查企业中，31.2%认为"不公平竞争现象严重"，68.8%认为"竞争相对公平"。

从分地区情况看，西部企业认为"竞争不公平现象严重"的比例最高，为35.1%，明显高于东部企业30.2%和中部企业30.0%的比例，见表10-37。

表 10-37　对当前市场竞争秩序的看法（分地区）

单位：%

	东部	中部	西部	全国
竞争相对公平	69.8	70.0	64.9	68.8
不公平竞争现象严重	30.2	30.0	35.1	31.2

从分行业情况看，制造业认为"不公平竞争现象严重"的比例最高，为31.9%，批发和零售业比例最低，只有17.9%，见表10-38。

表 10-38　对当前市场竞争秩序的看法（分行业）

单位：%

	制造业	房地产业	交通运输仓储和邮政业	批发和零售业	信息传输、软件和信息技术服务业
竞争相对公平	68.1	81.2	69.5	70.1	70.2
不公平竞争现象严重	31.9	18.8	30.5	17.9	29.8

2. 处罚不到位、政府管制多、所有制不公、地方保护和法规体系不完善是当前市场秩序监管存在的主要问题

对于市场秩序监管中存在的问题，被调查企业中 40.9% 选择了 "违规成本低，处罚不到位"，比例最高。其次是 "很多领域政府管制过多，市场化程度低，竞争不充分"，比例为 40.0%，"不同所有制企业在融资、享受政府政策、获取土地等方面不公平"、"地方保护严重" 和 "法规体系不完善" 的比例分别为 39.1%、34.8% 和 32.6%。

从分地区情况看，不同地区的企业对市场秩序问题的认识基本一致。只是西部企业认为 "地方保护严重" 的问题更为突出，比例为 39.0%，明显高于东部 33.1% 和中部 35.9% 的比例。东部企业中认为 "知识产权保护不到位" 的比例达到 33.1%，远超出中部 27.5% 和西部 22.6% 的比例，见表 10-39。

表 10-39　自身所处行业的市场秩序存在的主要问题（分地区）

单位：%

	东部	中部	西部	全国
地方保护严重	33.1	35.9	39.0	34.8
法规体系不完善	31.4	33.8	35.0	32.6
有法不依，执法不严	16.8	19.7	22.0	18.4
不同所有制企业在融资、享受政府政策、获取土地等方面不公平	39.4	37.3	39.5	39.1
假冒伪劣问题严重	18.5	23.2	18.6	19.3
知识产权保护不到位	33.1	27.5	22.6	30.0
违规成本低，处罚不到位	41.4	36.6	42.9	40.9
很多领域政府管制过多，市场化程度低，竞争不充分	40.1	45.1	35.6	40.0
其他	0.0	0.0	1.1	0.2

从分行业情况看，制造业以及批发和零售业企业反映最普遍的问题是 "违规成本低，处罚不到位"，比例分别达到 44.5% 和 54.7%。房地产行业认为最主要的问题是 "不同所有制企业在融资、享受政府政策、获取土地等方面不公平"，比例高达 78.1%。交通运输仓储和邮政业反映最普遍的问题是 "很多领域政府管制过多，市场化程度低，竞争不充分"，比例为 51.4%，信息传输、软件

和信息技术服务业企业反映最多的是"知识产权保护不到位"，比例为48.9%，显示出明显的行业差异，见表10-40。

表10-40　自身所处行业的市场秩序存在的主要问题（分行业）

单位：%

	制造业	房地产业	交通运输仓储和邮政业	批发和零售业	信息传输、软件和信息技术服务业
地方保护严重	33.0	18.8	35.1	21.9	40.4
法规体系不完善	31.6	37.5	29.7	40.6	38.3
有法不依，执法不严	17.9	12.5	8.1	12.5	12.8
不同所有制企业在融资、享受政府政策、获取土地等方面不公平	39.2	78.1	16.2	31.3	31.9
假冒伪劣问题严重	25.4	0.0	2.7	25.0	8.5
知识产权保护不到位	36.0	0.0	8.1	23.4	48.9
违规成本低，处罚不到位	44.5	12.5	32.4	54.7	38.3
很多领域政府管制过多，市场化程度低，竞争不充分	33.6	71.9	51.4	29.7	46.8
其他	0.4	0.0	0.0	0.0	0.0

3. 建立"黑名单制度"、加大处罚力度、加强行业自律是完善市场秩序监管的主要措施

对于完善市场秩序监管的措施，被调查企业中，69.1%选择了"建立企业诚信档案，引入黑名单制度"，比例最高。其次是"加大对扰乱市场秩序行为的处罚力度"，比例为67.2%。选择"发挥行业组织作用，加强行业自律监管"的比例为62.9%。选择"提高知识产权的保护力度"、"整合相关监管职能，完善监管组织机构"、"培育专业化的中介机构，剥离政府承担的专业管理职能，发挥中介机构监督作用"、"实行产品可追溯标识制度"、"加强媒体等社会监管力量"的比例分别为48.4%、48.1%、47.1%、43.0%和32.9%。

从分地区情况看，各地区对主要措施的认同基本趋同。只是中部企业对"建立企业诚信档案，引入黑名单制度"和"发挥行业组织作用，加强行业自律监管"的希望更为迫切，选择这两项的企业比例明显高于东部和西部地区企业，而东部企业选择"提高知识产权的保护力度"的比例显著高于中西部地区企业，见表10-41。

表 10-41 完善市场公平秩序的主要措施（分地区）

单位：%

	东部	中部	西部	全国
发挥行业组织作用，加强行业自律监管	61.4	70.4	61.6	62.9
培育专业化的中介机构，剥离政府承担的专业管理职能，发挥中介机构监督作用	45.7	47.9	50.8	47.1
实行产品可追溯标识制度	43.4	38.7	45.2	43.0
提高知识产权的保护力度	51.0	47.9	40.7	48.4
加大对扰乱市场秩序行为的处罚力度	65.2	73.2	68.4	67.2
建立企业诚信档案，引入黑名单制度	68.4	76.1	65.5	69.1
加强媒体等社会监管力量	32.7	30.3	35.6	32.9
整合相关监管职能，完善监管组织机构	48.1	50.7	46.3	48.1
其他	1.1	3.5	0.0	1.3

从分行业情况看，制造业，房地产业，交通运输仓储和邮政业，信息传输、软件和信息技术服务业都对"建立企业诚信档案，引入黑名单制度"这一措施的认同度最高。批发和零售业对"加大对扰乱市场秩序行为的处罚力度"和"发挥行业组织作用，加强行业自律监管"的认同度明显高于其他行业的企业，比例分别达到 75.0% 和 70.3%，见表 10-42。

表 10-42 完善市场公平秩序的主要措施（分行业）

单位：%

	制造业	房地产业	交通运输仓储和邮政业	批发和零售业	信息传输、软件和信息技术服务业
发挥行业组织作用，加强行业自律监管	62.0	62.5	67.6	70.3	57.4
培育专业化的中介机构，剥离政府承担的专业管理职能，发挥中介机构监督作用	42.1	65.6	56.8	64.1	42.6
实行产品可追溯标识制度	47.5	31.3	29.7	46.9	48.9
提高知识产权的保护力度	54.5	25.0	29.7	37.5	61.7
加大对扰乱市场秩序行为的处罚力度	67.2	68.8	59.5	75.0	63.8
建立企业诚信档案，引入黑名单制度	66.8	81.3	70.3	71.9	76.6
加强媒体等社会监管力量	30.0	46.9	21.6	40.6	31.9
整合相关监管职能，完善监管组织机构	46.1	62.5	59.5	45.3	53.2
其他	1.0	0.0	5.4	0.0	4.3

（八）对消防、安全、质量、环保监管的看法

1. 企业担忧中介组织部分履行市场监管职能存在变相寻租

对环保、安全生产等利用社会中介组织来部分履行市场监管职能，上市公司的最主要看法为"担心中介组织缺乏自律，出现变相寻租行为"，比例达到60.6%。其次是"体现专业性，避免行政力量过大"，比例为49.2%。各地区的看法也基本趋同。

分行业来看，各行业的看法都集中在"担心变成监管部门的附属机构，输送不当利益，提高监管成本"，其中房地产行业比例最高，为75.0%，批发和零售业比例最低，为56.3%。其次为"担心中介组织缺乏自律，出现变相寻租行为"，制造业比例最高，达到62.6%，信息传输、软件和信息技术服务业比例最低，只有53.2%，见表10-43。

表10-43　对环保、安全生产等利用社会中介组织来部分履行市场监管职能的看法（分行业）

单位：%

	制造业	房地产业	交通运输仓储和邮政业	批发和零售业	信息传输、软件和信息技术服务业
体现专业性，避免行政力量过大	48.3	56.3	54.1	56.3	44.7
担心缺乏权威性，很难承担相关职能，发挥作用有限	43.7	46.9	40.5	45.3	55.3
担心变成监管部门的附属机构，输送不当利益，提高监管成本	71.2	75.0	64.9	56.3	68.1
担心中介组织缺乏自律，出现变相寻租行为	62.6	59.4	56.8	54.7	53.2
其他	1.0	0.0	5.4	3.1	4.3

2. 消防标准水平、制度规定基本合理

整体来看，上市公司普遍认为政府在消防标准水平、制度规定等方面"基本合理，企业也能做得到"，比例达到87.3%。各个地区的认识差异不大。

各行业基本都认为政府在消防标准水平、制度规定等方面"基本合理，企业也能做得到"，交通运输仓储和邮政业，批发和零售业和信息传输、软件和信

息技术服务业有超过 10% 的企业认为"规定要求高,企业无论如何也很难完全达标",见表 10-44。

表 10-44 对政府在消防标准水平、制度规定等方面的评价(分行业)

单位:%

	制造业	房地产业	交通运输仓储和邮政业	批发和零售业	信息传输、软件和信息技术服务业
规定要求高,企业无论如何也很难完全达标	9.5	6.3	10.8	15.6	14.9
现有规定落后,企业多执行自行标准	4.2	0.0	2.7	6.3	4.3
基本合理,企业也能做得到	88.5	90.6	81.1	85.9	89.4
其他	1.6	3.1	2.7	0.0	0.0

3. 消防监管执法重检查但缺乏指导性

整体来看,上市公司对消防监管执法的看法为"能秉公执法",比例达到 52.7%。其次是"重检查,但缺乏指导性,对企业的改进帮助不大",比例达到 41.4%。各地区对该问题的认识基本一致。

分行业来看,各行业基本都认为"能秉公执法"。制造业有比例较高的企业认为"重检查,但缺乏指导性,对企业的改进帮助不大",比例达到 44.9%,远高于其他行业 20%~40% 的水平,见表 10-45。

表 10-45 对消防监管执法的评价(分行业)

单位:%

	制造业	房地产业	交通运输仓储和邮政业	批发和零售业	信息传输、软件和信息技术服务业
以罚款为主,处罚尺度比较随意,缺乏依据	17.5	18.8	13.5	14.1	19.1
能秉公执法	52.1	62.5	70.3	62.5	53.2
监管执法不到位,很少来检查	6.6	3.1	0.0	3.1	12.8
重检查,但缺乏指导性,对企业的改进帮助不大	44.9	28.1	21.6	29.7	38.3
执法人员业务能力、专业水平不够	7.0	6.3	10.8	7.8	2.1

4. 应对消防监管更看重是否完全达到监管要求

整体来看，企业认为应对消防监管，更看重的工作是"完全按要求来做，能达到监管要求"，比例达到 86.6%。其次是"加大投入，改进企业相关工作，但也很难达到"，比例为 14.8%。各地区的反映基本一致。

分行业来看，各大行业都认为"完全按要求来做，能达到监管要求"。此外，相对更多的信息传输、软件和信息技术服务业企业倾向于认为"搞好和监管部门的关系，减少罚款"，比例达到 17.0%，远高于其他行业 11% 以下的水平，见表 10-46。

表 10-46　应对消防监管，更看重的工作（分行业）

单位：%

	制造业	房地产业	交通运输仓储和邮政业	批发和零售业	信息传输、软件和信息技术服务业
完全按要求来做，能达到监管要求	87.3	93.8	81.1	79.7	89.4
搞好和监管部门的关系，减少罚款	8.0	12.5	5.4	10.9	17.0
加大投入，改进企业相关工作，但也很难达到	15.5	6.3	16.2	10.9	14.9
怎么改进都达不到要求，接受罚款	0.8	3.1	0.0	1.6	0.0

5. 安全生产监管标准基本合理

整体来看，上市公司倾向于认为政府在安全生产监管的标准水平、制度规定"基本合理，企业也能做得到"，比例为 88.3%，有 6.3% 的企业认为"规定要求高，企业无论如何也很难完全达标"，有 5.8% 的企业认为"现有规定落后，企业多执行自行标准"。各地区的评价也基本一致。

各行业基本都认为政府在安全生产监管的标准水平、制度规定等方面"基本合理，企业也能做得到"，信息传输、软件和信息技术服务业有超过 8% 的企业认为"现有规定落后，企业多执行自行标准"，见表 10-47。

6. 六成企业认为安全生产监管能秉公执法

整体来看，60.8% 的上市公司认为安全生产监管"能秉公执法"，35.5% 的企业认为安全监管是"重检查，但缺乏指导性，对企业的改进帮助不大"。各

表 10-47　企业对政府在安全生产监管标准水平、制度规定等方面的评价（分行业）

单位：%

	制造业	房地产业	交通运输仓储和邮政业	批发和零售业	信息传输、软件和信息技术服务业
规定要求高，企业无论如何也很难完全达标	5.8	3.1	8.1	4.7	6.4
现有规定落后，企业多执行自行标准	5.8	0.0	8.1	4.7	8.5
基本合理，企业也能做得到	89.5	93.8	81.1	84.4	91.5
其他	0.8	3.1	0.0	3.1	2.1

地区的评价也基本一致。

分行业来看，各行业普遍认为安全生产监管执法"能秉公执法"，相对较多的制造业企业认为"重检查，但缺乏指导性，对企业的改进帮助不大"，比例达到36.2%。相对较多的房地产企业认为"以罚款为主，处罚尺度比较随意，缺乏依据"，比例达到15.6%，见表10-48。

表 10-48　对安全生产监管执法的评价（分行业）

单位：%

	制造业	房地产业	交通运输仓储和邮政业	批发和零售业	信息传输、软件和信息技术服务业
以罚款为主，处罚尺度比较随意，缺乏依据	10.7	15.6	10.8	6.3	10.6
能秉公执法	61.0	68.8	73.0	65.6	61.7
监管执法不到位，很少来检查	5.4	6.3	2.7	3.1	8.5
重检查，但缺乏指导性，对企业的改进帮助不大	36.2	21.9	27.0	29.7	29.8
执法人员业务能力、专业水平不够	7.0	3.1	5.4	6.3	2.1

7. 应对安全生产监管更看重是否完全按要求来做

整体来看，上市公司认为应对安全生产监管，更看重的工作为"完全按要求来做，能达到监管要求"，比例达到87.1%。其次是"加大投入，改进企业相关工作，但也很难达到"，比例为13.7%。较多的西部地区企业反映"加大投入，改进企业相关工作，但也很难达到"，比例为18.1%，远高于其他地区的水平。较多的中部地区反映"搞好和监管部门的关系，减少罚款"，比例达到

12.7%。

分行业来看，房地产业，信息传输、软件和信息技术服务业企业选择"完全按要求来做，能达到监管要求"的比例最高，都在96%以上，见表10-49。

表10-49　应对安全生产监管，更看重的工作（分行业）

单位：%

	制造业	房地产业	交通运输仓储和邮政业	批发和零售业	信息传输、软件和信息技术服务业
完全按要求来做，能达到监管要求	86.5	96.9	89.2	84.4	97.9
搞好和监管部门的关系，减少罚款	7.8	9.4	8.1	4.7	10.6
加大投入，改进企业相关工作，但也很难达到	15.7	0.0	13.5	9.4	4.3
怎么改进都达不到要求，接受罚款	0.6	3.1	0.0	0.0	0.0

8. 政府在质监标准水平、制度规定方面基本合理

整体来看，87.6%的上市公司认为目前政府在质监标准水平、制度规定方面"基本合理，企业也能做得到"。8.3%的公司认为"现有规定落后，企业执行自行标准"。各地区对该问题的反映差异不大。

分行业来看，各个行业都认为政府在质监标准水平、制度规定方面"基本合理，企业也能做得到"。批发和零售业，信息传输、软件和信息技术服务业相对较多地选择了"规定要求高，企业很难达到该要求"，比例分别达到7.8%和6.4%，而其他行业都在4%以下，见表10-50。

表10-50　对政府在质监标准水平、制度规定方面的评价（分行业）

单位：%

	制造业	房地产业	交通运输仓储和邮政业	批发和零售业	信息传输、软件和信息技术服务业
规定要求高，企业很难达到该要求	3.8	0.0	2.7	7.8	6.4
现有规定落后，企业执行自行标准	10.1	3.1	8.1	9.4	0.0
基本合理，企业也能做得到	86.9	96.9	89.2	84.4	87.2
其他	1.0	0.0	0.0	0.0	0.0

9. 六成企业认为质量监管执法能秉公执法

整体来看，63.6%的公司认为产品质量监管执法"能秉公执法"，29.0%的认为是"重检查，但缺乏指导性，对企业的改进帮助不大"。各地区的评价基本一致。

分行业来看，各行业也都认为产品质量监管"能秉公执法"，其次是"重检查，但缺乏指导性，对企业的改进帮助不大"。但相对较多的房地产企业选择了"以罚款为主，处罚尺度比较随意，缺乏依据"，比例达 15.6%，远超其他行业 10% 以下的水平，见表 10-51。

表 10-51　对产品质量监管执法的评价（分行业）

单位：%

	制造业	房地产业	交通运输仓储和邮政业	批发和零售业	信息传输、软件和信息技术服务业
以罚款为主，处罚尺度比较随意，缺乏依据	9.1	15.6	8.1	6.3	8.5
能秉公执法	63.4	59.4	78.4	67.2	68.1
监管执法不到位，很少来检查	7.8	0.0	2.7	6.3	8.5
重检查，但缺乏指导性，对企业的改进帮助不大	29.8	21.9	16.2	23.4	25.5
执法人员业务能力、专业水平不够	7.0	6.3	2.7	6.3	6.4

10. 应对质量监管更看重是否达到监管要求

整体来看，90.9%的企业应对产品质量监管，更看重的工作为"完全按要求来做，能达到监管要求"。各地区的反映也基本一致。分行业来看，各行业绝大多数公司都选择了"完全按要求来做，能达到监管要求"。但相对较多的房地产企业选择了"搞好和监管部门的关系，减少罚款"，比例达到 15.6%，远高于其他行业。制造业相对较多企业选择"加大投入，改进企业相关工作，但也很难达到"，比例为 9.3%，见表 10-52。

11. 环保标准水平、制度规定基本合理

整体来看，86.5%的上市公司对政府在环保标准水平、制度规定方面的评价为"基本合理，企业也能做得到"，其次是"规定要求高，企业很难达到该要

表 10-52 应对产品质量监管，更看重的工作（分行业）

单位：%

	制造业	房地产业	交通运输仓储和邮政业	批发和零售业	信息传输、软件和信息技术服务业
完全按要求来做，能达到监管要求	90.5	93.8	89.2	89.1	95.7
搞好和监管部门的关系，减少罚款	5.2	15.6	8.1	1.6	8.5
加大投入，改进企业相关工作，但也很难达到	9.3	0.0	5.4	4.7	6.4
怎么改进都达不到要求，接受罚款	0.8	0.0	0.0	0.0	0.0

求"，比例为 8.6%，各地区的情况无显著差异。

分行业来看，各行业也都倾向于认为政府在环保标准水平、制度规定方面"基本合理，企业也能做得到"。但房地产业，信息传输、软件和信息技术服务行业相对较多企业选择"现有规定落后，企业执行自行标准"，比例分别为9.4%和6.4%，远高于其他行业的水平，见表 10-53。

表 10-53 对政府在环保标准水平、制度规定方面的评价（分行业）

单位：%

	制造业	房地产业	交通运输仓储和邮政业	批发和零售业	信息传输、软件和信息技术服务业
规定要求高，企业很难达到该要求	9.1	3.1	8.1	9.4	10.6
现有规定落后，企业执行自行标准	3.4	9.4	2.7	4.7	6.4
基本合理，企业也能做得到	87.5	87.5	86.5	81.3	89.4
其他	0.8	0.0	0.0	0.0	0.0

12. 六成企业认为环保监管执法能秉公执法

整体来看，62.6% 的上市公司对环保监管执法方面的评价为"能秉公执法"，其次是"重检查，但缺乏指导性，对企业的改进帮助不大"，比例为31.3%。分地区来看，中、西部地区企业选择"重检查，但缺乏指导性，对企业的改进帮助不大"和"执法人员业务能力、专业水平不够"两项的比例都明显高于东部地区。

分行业来看，各行业基本都认为环保监管执法能"秉公执法"，其次是"重检查，但缺乏指导性，对企业的改进帮助不大"。相对较多的房地产行业选择了"以罚款为主，处罚尺度比较随意，缺乏依据"，比例为 15.6%，高于其他行业，见表 10-54。

表 10-54　对环保监管执法方面的评价（分行业）

单位：%

	制造业	房地产业	交通运输仓储和邮政业	批发和零售业	信息传输、软件和信息技术服务业
以罚款为主，处罚尺度比较随意，缺乏依据	11.7	15.6	10.8	3.1	8.5
能秉公执法	63.6	59.4	75.7	67.2	61.7
监管执法不到位，很少来检查	5.4	9.4	0.0	1.6	10.6
重检查，但缺乏指导性，对企业的改进帮助不大	32.8	31.3	21.6	28.1	27.7
执法人员业务能力、专业水平不够	6.2	6.3	8.1	6.3	6.4

13. 应对环保监管企业普遍更看重是否完全按要求来做

整体来看，上市公司为应对环保监管，更看重的工作是"完全按要求来做，能达到监管要求"，比例高达 87.2%，其次是"加大投入，改进企业相关工作，但也很难达到"，比例为 13.1%。分地区来看，相对较多的中部地区选择"搞好和监管部门的关系，减少罚款"，比例为 12.7%，而其他地区都在 6% 左右。

分行业来看，各行业选择"完全按要求来做，能达到监管要求"的都是最高。但是相对较多的房地产企业选择了"搞好和监管部门的关系，减少罚款"，比例高达 15.6%，远高于其他行业，而在"加大投入，改进企业相关工作，但也很难达到"方面又只有 3.1%，远低于其他行业，见表 10-55。

14. 更多企业认为环保标准难落实

整体来看，39.7% 的上市公司对政府下达节能减排、环保达标指标考核的做法的看法为"行政监管方式落后、'一刀切'，企业无法真正落实，助长瞒报虚报"，其次是"指标分配上，有关部门不考虑、不听取企业、行业意见"，比

表 10-55　为应对环保监管，更看重的工作（分行业）

单位：%

	制造业	房地产业	交通运输仓储和邮政业	批发和零售业	信息传输、软件和信息技术服务业
完全按要求来做，能达到监管要求	87.3	90.6	86.5	82.8	95.7
搞好和监管部门的关系，减少罚款	6.6	15.6	5.4	1.6	8.5
加大投入，改进企业相关工作，但也很难达到	14.3	3.1	13.5	9.4	6.4
怎么改进都达不到要求，接受罚款	1.0	3.1	0.0	1.6	0.0

例达到 31.7%。各地区的情况基本一致。

分行业来看，各行业最主要的看法都是"行政监管方式落后、'一刀切'，企业无法真正落实，助长瞒报虚报"，但制造业、房地产业受访企业将"指标分配上，有关部门不考虑、不听取企业、行业意见"放在第二位，交通运输仓储和邮政业、批发和零售业以及信息传输、软件和信息技术服务业把"下指标方式不合理，企业只要达到现有行业国家标准，不需遵守行政标准的限制"放在第二位，见表 10-56。

表 10-56　对政府下达节能减排、环保达标指标考核的做法的看法（分行业）

单位：%

	制造业	房地产业	交通运输仓储和邮政业	批发和零售业	信息传输、软件和信息技术服务业
指标不合理，脱离企业实际，影响企业正常经营	27.0	6.3	18.9	12.5	21.3
行政监管方式落后、"一刀切"，企业无法真正落实，助长瞒报虚报	38.4	43.8	43.2	35.9	55.3
下指标方式不合理，企业只要达到现有行业国家标准，不需遵守行政标准的限制	28.8	31.3	27.0	28.1	23.4
指标分配上，有关部门不考虑、不听取企业、行业意见	32.8	34.4	21.6	20.3	12.8

15. 多数企业认为监管人员业务水平一般

整体来看，67.2%的上市公司认为环保、安全生产、消防等监管人员的业务水平（包括法规掌握情况、现场处理与判断能力等方面）"不高"和"一般"。

分行业来看，各行业的评价最多的都为"一般"。房地产和信息传输、软件和信息技术服务业给出"高"评价的比例相对稍低，见表10-57。

表 10-57　对环保、安全生产、消防等监管人员的业务水平的评价（分行业）

单位：%

	制造业	房地产业	交通运输仓储和邮政业	批发和零售业	信息传输、软件和信息技术服务业
高	33.6	21.9	29.7	29.7	23.4
不高	6.6	3.1	0.0	9.4	0.0
一般	58.8	71.9	64.9	51.6	76.6

（九）对税收监管的看法

1. 企业平均每年有 2 次税务检查，耗时近 8 个工作日

据统计，企业每年需接待 2.1 次税务检查，每次检查人员 2.3 位，每次耗时 3.7 个工作日。最高一年检查 20 次；最多人数为 10 人以上；最久为 100 个工作日，例如纳税 A 级企业无现场检查。

信息传输、软件和信息技术服务业接待税务检查次数及人数较多，而交通运输仓储和邮政业接待检查耗时较长。各行业接受检查次数均在 2 次左右，其中信息传输、软件和信息技术服务业以及房地产业达 2.5 次，较制造业、批发和零售业等行业高。从每次检查人员数上看，信息传输、软件和信息技术服务业以及制造业接待检查人员接近 2.5 人，高于房地产业、批发和零售业。从每次检查耗时看，交通运输仓储和邮政业达 5.8 个工作日，近制造业的两倍。税务检查的次数、人数、耗时与行业中企业规模大小、规范与否、涉及税种多寡及税收规定繁简有关，见表10-58。

表 10-58　企业接待税务检查次数、人数、耗时（分行业）

单位：%

	制造业	房地产业	交通运输仓储和邮政业	批发和零售业	信息传输、软件和信息技术服务业
1 年接待税务检查次数	1.8	2.5	1.9	1.7	2.5
平均检查人员数/次	2.4	1.9	2.2	2.0	2.5
平均检查耗时工作日/次	3.2	5.2	5.8	4.4	4.6

2. 税法不明晰、检查负担重是税务监管过程中的主要问题

企业认为在税务监管过程中存在的最主要问题是税法规定不明晰以及重复检查导致的负担过重。54%的企业认为"税法相关规定不具体、不明晰，解读不统一，自由裁量空间大"，35.5%的企业认为"不同层级税务部门重复检查多、频率高，企业税收检查负担重"，这两项税务监管过程中企业反映最突出的问题，有20%以上的企业反映存在"税收返还不及时，程序不透明"、"政府相关政策冲突，税收支持政策执行不到位"、"税收监管队伍专业素质有待进一步提高"的问题，有15.6%的企业反映"预征、超征现象普遍"。

各地反映问题排序基本一致，各问题在各地区的发生情况略有差异。在东部，"税法相关规定不具体、不明晰，解读不统一，自由裁量空间大"、"政府相关政策冲突，税收支持政策执行不到位"的反映比例高于其他两地区；在中部，"税收返还不及时，程序不透明"、"税收监管队伍专业素质有待进一步提高"、"预征、超征现象普遍"的反映比例高于其他两地区；在西部，"不同层级税务部门重复检查多、频率高，企业税收检查负担重"的反映比例高于其他两地区。

各行业反映问题排序基本一致，各问题在各行业的发生情况略有差异。例如，税收优惠政策较多的信息传输、软件和信息技术服务业"税收返还不及时，程序不透明"问题反映比例最高，该行业"不同层级税务部门重复检查多、频率高，企业税收检查负担重"的问题也较为严重；各行业中，交通运输仓储和邮政业对"政府相关政策冲突，税收支持政策执行不到位"的抱怨最多；在房地产行业，所反映的税收监管队伍专业素质及预征超征问题则较其他行业更严重，见表10-59。

表 10-59　企业认为税务监管过程中存在的主要问题（分行业）

单位：%

	制造业	房地产业	交通运输仓储和邮政业	批发和零售业	信息传输、软件和信息技术服务业
税法相关规定不具体、不明晰，解读不统一，自由裁量空间大	52.3	53.1	54.1	57.8	59.6
税收返还不及时，程序不透明	24.9	18.8	27.0	20.3	34.0
政府相关政策冲突，税收支持政策执行不到位	25.6	21.9	40.5	17.2	17.0
不同层级税务部门重复检查多、频率高，企业税收检查负担重	34.8	34.4	40.5	28.1	44.7
税收监管队伍专业素质有待进一步提高	23.9	28.1	18.9	14.1	17.0
预征、超征现象普遍	18.7	21.9	8.1	4.7	8.5
其他	5.4	3.1	8.1	3.1	12.8

（十）对融资监管的看法

1. 融资成本高、审批环节多、金融产品少是企业在融资中遇到的主要困难

65.6%的企业认为"融资成本高"，65.3%的企业认为"IPO、再融资和发债审批环节多、行政干预多"，34.9%的企业认为"金融产品少，金融创新难以满足企业需求"，这三项是当前企业融资中的主要困难。另外，也有17.6%和12.7%的企业反映存在"企业融资在所有制、规模等方面存在不公平和歧视现象"、"债券发行多头监管现象严重"等困难。

各地反映问题排序基本一致，对审批环节及融资成本的诟病普遍超过六成，对金融产品的诟病超过1/3。

各行业反映问题排序基本一致，而因各行业特性不同，各融资问题的发生情况有一定差异。例如，在房地产行业企业对各类问题的反映都较多，反映存在"IPO、再融资和发债审批环节多、行政干预多"问题的比例高达87.5%，反映"金融产品少，金融创新难以满足企业需求"的比例也是各行业中最高的，达50.0%；交通运输仓储和邮政业对"融资成本高"的抱怨相对较多，见表10-60。

表 10-60　企业在融资中遇到的主要困难和障碍（分行业）

单位：%

	制造业	房地产业	交通运输仓储和邮政业	批发和零售业	信息传输、软件和信息技术服务业
IPO、再融资和发债审批环节多、行政干预多	64.6	87.5	59.5	60.9	74.5
融资成本高	65.4	65.6	73.0	64.1	59.6
金融产品少，金融创新难以满足企业需求	31.6	50.0	29.7	34.4	36.2
企业融资在所有制、规模等方面存在不公平和歧视现象	15.5	28.1	8.1	17.2	23.4
债券发行多头监管现象严重	11.5	18.8	13.5	14.1	17.0
其他	2.6	6.3	0.0	1.6	10.6

2. 信贷成本高、审批链条长是企业在银行信贷融资中面临的主要问题

半数及以上企业认为在银行信贷融资方面融资成本过高、审批链条过长。在银行信贷融资方面，69.2%的企业认为"信贷成本过高"，49.9%的企业认为"审批链条过长"，是最主要的困难所在。有17.2%的企业认为"资信审查标准不合理"，10.6%的企业认为存在"所有制歧视"，5.8%的企业反映存在"行政干预"。

各地反映问题排序基本一致，对信贷成本过高的诟病普遍超过2/3，对审批链条的诟病在半数左右。中部地区反映"信贷成本过高"的企业比例略高于其他地区；在西部反映"审批链条过长"的企业比例略高于其他地区。

各行业反映问题排序基本一致，而因各行业特性不同，在银行信贷融资上面临的问题有一定差异。例如，在交通运输仓储和邮政业，反映"信贷成本过高"的企业高达81.1%；在房地产行业，反映存在"所有制歧视"、"行政干预"的企业比例显著高于其他行业，见表10-61。

表 10-61　企业在银行信贷融资中面临的主要问题（分行业）

单位：%

	制造业	房地产业	交通运输仓储和邮政业	批发和零售业	信息传输、软件和信息技术服务业
信贷成本过高	69.0	68.8	81.1	68.8	63.8

续表

	制造业	房地产业	交通运输仓储和邮政业	批发和零售业	信息传输、软件和信息技术服务业
审批链条过长	50.1	46.9	45.9	40.6	53.2
资信审查标准不合理	17.2	18.8	10.8	17.2	17.0
所有制歧视	10.9	15.6	0.0	9.4	8.5
行政干预	4.4	21.9	8.1	4.7	2.1
其他	7.4	9.4	0.0	7.8	10.6

3. 最需要简化审核的融资方式是增发新股与定向增发

上市公司融资、再融资的几种方式中，企业认为最需要简化审核的是增发新股与定向增发两项。69.9%的企业选择定向增发，60.0%的企业选择增发新股，41.3%的企业选择配股，34.4%的企业选择IPO，28.0%的企业选择可转换公司债券，10.3%的企业选择分离交易转债，9.9%的企业选择境外债权融资。

增发新股在各行业都被认为是最需简化的融资方式，不同行业企业在呼吁程度上略有差异。例如，认为需简化"定向增发"审核的房地产企业高达84.4%，显著高于其他行业，其在简化配股、可转换公司债券审核方面的呼声高于其他行业；批发和零售业对IPO简化审核的重视程度高于其他行业；交通运输仓储和邮政业对境外债权融资的重视程度高于其他行业，见表10-62。

表 10-62 企业认为最需要简化审核的融资方式（分行业）

单位：%

	制造业	房地产业	交通运输仓储和邮政业	批发和零售业	信息传输、软件和信息技术服务业
IPO	35.2	28.1	32.4	42.2	38.3
增发新股	62.6	62.5	59.5	60.9	51.1
配股	42.5	53.1	29.7	40.6	34.0
定向增发	68.4	84.4	70.3	64.1	68.1
可转换公司债券	26.4	40.6	27.0	23.4	23.4
分离交易转债	9.7	9.4	13.5	10.9	6.4
境外债权融资	8.2	21.9	35.1	10.9	4.3
其他	1.2	3.1	0.0	1.6	4.3

4. 最需要改进的债券发行环节是公司债发行

发行债券过程中，企业认为最需要改进的环节是公司债的发行。在问及"最需要改进的发债环节"时，52.4%的企业选择"公司债的发行"，33.7%的企业选择"中票、短融的发行"，30.8%的企业选择"企业债的发行"，27.6%的企业选择"债券市场的互联互通"，10.3%的企业选择"境外债券融资"。另有3.3%的企业选择"其他"，具体反映内容主要是"尚未发行债券"。

各地区企业选择的排序基本一致，即最需要改进的是公司债，其次为中票、短融，再次为企业债。中部地区企业认为公司债发行需要改进的比例达64.1%，高于西部地区，远高于东部地区。

公司债的发行在各行业都被认为是最需要改进的发债环节，不同行业企业在呼吁程度上略有差异。例如，房地产企业认为需改进"公司债的发行"的企业高达75.0%，显著高于其他行业；房地产业、交通运输仓储和邮政业对改进"境外债券融资"的呼声更强烈，入选比例超过20%；批发和零售业对实现"债券市场的互联互通"的需求更大，见表10-63。

表10-63　企业认为在发行债券过程中最需要改进的环节（分行业）

单位：%

	制造业	房地产业	交通运输仓储和邮政业	批发和零售业	信息传输、软件和信息技术服务业
企业债的发行	30.0	34.4	27.0	29.7	34.0
公司债的发行	51.1	75.0	54.1	51.6	38.3
中票、短融的发行	34.0	28.1	29.7	34.4	34.0
境外债券融资	9.1	21.9	21.6	9.4	6.4
债券市场的互联互通	24.7	28.1	29.7	35.9	31.9
其他	3.4	3.1	2.7	3.1	10.6

（十一）对劳动力市场监管的看法

1. 近八成企业认为劳动用工和人员社保方面的监管适中

在多数企业看来，我国当前的劳动用工和人员社保方面监管是适中、略有不足的。77.4%的企业认为劳动用工和人员社保方面的监管是"适中"的，

13.3%的企业认为"不足"，认为"过严"的占 8.4%。

各行业均有七成以上企业认为劳保监管是适中的，各行业评价略有差异。超过 80%的交通运输仓储和邮政业、批发和零售业认为劳保监管适中，高于其他行业。在制造业、房地产业，对监管评价为"不足"的企业多于"过严"的企业，这反映了更多企业倾向加强劳保监管；交通运输仓储和邮政业对监管评价为"过严"的企业多于"不足"的企业，这反映了更多企业倾向放松劳保监管；在批发和零售业以及信息传输、软件和信息技术服务业，二者比例相当，这反映了企业个体差异而无总体倾向，见表 10-64。

表 10-64　企业对劳动用工和人员社保方面监管的评价（分行业）

单位：%

	制造业	房地产业	交通运输仓储和邮政业	批发和零售业	信息传输、软件和信息技术服务业
过严	9.6	6.5	11.1	8.0	12.8
适中	76.8	80.6	83.4	83.9	74.4
不足	13.6	12.9	5.5	8.0	12.8

2. 结构不合理、社保费用重、流动频繁是劳动力市场面临的主要问题

劳动力供给结构不合理、社会保障费用重、员工流动频繁是企业反映的三大劳动力市场问题。73.0%的企业认为"劳动力供给结构不合理，熟练技术工人和科研人员难找"，48.0%的企业认为"企业承担的社会保障费用过高"，43.7%的企业认为"员工流动频繁，企业缺乏权益保护机制"，这三项是企业反映的最主要问题。

劳动力供给结构不合理的问题在各行业均是最主要问题，其他问题在各行业的严重程度有所不同。32.0%的制造业企业反映存在"用工荒"，比例高于其他行业，反映了较高的劳动密集程度。同时，其熟练技工及科研人员缺乏的程度、对培训体系的不满程度也更高。在信息传输、软件和信息技术服务业，批发和零售业，半数以上的企业认为员工流动频繁是一个主要问题，而在房地产行业、交通运输仓储和邮政业，这一比例不足 1/4。此外，61.7%的信息传输、软件和信息技术服务业企业认为员工生活方面社会化配套不足是困扰企业的主要问题，远高于其他行业，说明在智力密集行业，对员工生活关怀的重要性凸显，见表10-65。

表10-65　企业认为劳动力市场遇到的主要问题（分行业）

单位：%

	制造业	房地产业	交通运输仓储和邮政业	批发和零售业	信息传输、软件和信息技术服务业
用工荒，劳动力总量短缺	32.0	18.8	16.2	18.8	12.8
劳动力供给结构不合理，熟练技术工人和科研人员难找	78.3	68.8	64.9	57.8	72.3
员工流动频繁，企业缺乏权益保护机制	47.3	21.9	24.3	50.0	51.1
就业服务体系不足，公共职业教育和技工培训不能满足企业需求	38.6	34.4	24.3	32.8	25.5
企业承担的社会保障费用过高	49.3	43.8	54.1	46.9	46.8
员工生活方面社会化配套不足（如园区班车、员工宿舍、文化娱乐、医教设施）	32.4	25.0	27.0	26.6	61.7
工会或职代会集体协商作用发挥不足，劳动争议处理棘手	20.5	18.8	24.3	23.4	27.7
其他	0.2	0.0	5.4	1.6	0.0

3. 半数企业认为现有劳保制度不利于劳动力流动

分别有约五成的企业认为低统筹的保障制度限制了劳动力流动、不完善的劳动合同法限制了劳动力优胜劣汰和企业减员增效。51.4%的企业认为"现有保障制度全国统筹程度低，限制劳动力流动"，46.4%的企业认为"《劳动合同法》等法规不完善，限制了劳动力的优胜劣汰和企业减员增效"，这是当前劳动保障制度存在的两大最主要问题。33.4%的企业反映"劳资集体协商制度有待进一步完善"。此外，分别有近三成的企业反映"非户籍员工难以享受现有保障制度的福利"、"用工合同多样化，同工不同酬"的问题，说明企业关注劳保制度在公平性和差异性上的平衡。

各行业对劳动保障制度存在主要问题的选择有一定差异。与其他行业将保障制度的全国统筹作为主要问题不同，交通运输仓储和邮政业认为最主要的问题在于《劳动合同法》等法规的不完善。相比之下：最重视非户籍员工福利问题的是信息传输、软件和信息技术服务业；最重视保障统筹问题的是房地产业；最重视用工合同多样化的是交通运输仓储和邮政业；最重视劳动力优胜劣汰机制的是制造业；最重视劳资集体协商的是房地产业，见表10-66。

表 10-66　企业认为现有劳动保障制度存在的主要问题（分行业）

单位：%

	制造业	房地产业	交通运输仓储和邮政业	批发和零售业	信息传输、软件和信息技术服务业
非户籍员工难以享受现有保障制度的福利	32.0	25.0	21.6	14.1	36.2
现有保障制度全国统筹程度低，限制劳动力流动	51.3	65.6	27.0	48.4	63.8
用工合同多样化，同工不同酬	28.2	25.0	35.1	32.8	29.8
《劳动合同法》等法规不完善，限制了劳动力的优胜劣汰和企业减员增效	48.5	40.6	43.2	40.6	44.7
劳资集体协商制度有待进一步完善	31.0	46.9	35.1	45.3	14.9
其他	2.2	3.1	2.7	1.6	4.3

（十二）对诚信监管的看法

1. 近七成企业认为当前社会诚信情况总体在改善

调查中，68.0%的企业认为当前社会诚信总体情况在改善，31.2%的企业认为当前社会诚信总体情况在恶化。

从行业看，房地产业、交通运输仓储和邮政业两大行业对当前社会诚信总体情况评价较高，超过七成认为当前社会总体状况在改善，其中房地产企业为71.9%、交通运输仓储和邮政企业为75.7%，制造业为67.2%，批发和零售业为68.8%。在新兴且技术程度较高的信息传输、软件和信息技术服务行业，相对较低，为61.7%。

2. 企业迫切需要政府和社会提供多方面的信用服务

对于企业迫切需要的信用服务，92.7%的企业认为需要"方便快捷地获取有关企业工商、税务、银行等信用信息"，81.6%认为需要"方便快捷地获取有关企业及主要经营者违法违规记录、司法诉讼记录等信息", 71.5%认为需要 "方便快捷地获取有关企业环保达标和履行社会责任方面的信息", 71.3%是 "方便快捷地获取有关企业及主要经营者履行合同记录等信息"。

　　从行业看, 房地产业和交通运输仓储和邮政业对"方便快捷地获取有关企业工商、税务、银行等信用信息"的需求分别为96.9%和97.3%, 高于制造业92.2%、批发和零售业92.2%和信息传输、软件和信息技术服务业91.5%的水平。对"方便快捷地获取有关企业及主要经营者违法违规记录、司法诉讼记录等信息"的需求, 房地产业和信息传输、软件和信息技术服务业最高, 分别达到93.8%和93.6%。"方便快捷地获取有关企业环保达标和履行社会责任方面的信息"的需求, 房地产业和交通运输仓储和邮政业最高, 比例分别为78.1%和78.4%。房地产业对"方便快捷地获取有关企业及主要经营者履行合同记录等信息"的需求最高, 达到81.3%, 批发和零售业和信息传输、软件和信息技术服务业对该需求相对较低。信息传输、软件和信息技术服务业对其他信用服务的需求最高, 达到8.5%, 高于房地产业和批发和零售业3.1%的水平, 制造业和交通运输仓储和邮政业对其他信用服务的需求最低, 分别为0.8%和0.0%, 见表10-67。

表 10-67　企业需要政府和社会提供的信用服务（分行业）

单位：%

	制造业	房地产业	交通运输仓储和邮政业	批发和零售业	信息传输、软件和信息技术服务业
方便快捷地获取有关企业工商、税务、银行等信用信息	92.2	96.9	97.3	92.2	91.5
方便快捷地获取有关企业环保达标和履行社会责任方面的信息	71.2	78.1	78.4	65.6	70.2
方便快捷地获取有关企业及主要经营者违法违规记录、司法诉讼记录等信息	79.7	93.8	81.1	79.7	93.6
方便快捷地获取有关企业及主要经营者履行合同记录等信息	74.0	81.3	73.0	64.1	68.1
其他	0.8	3.1	0.0	3.1	8.5

对于获取信用服务的途径，61.3%的企业认为虽然有途径，但成本高；31.5%的企业认为没有途径，只有3.8%的企业认为获取很容易。从地区情况看，情况基本相同，均有60%左右认为获取信用服务虽有途径，但成本高。从行业看，74.2%的房地产业认为有途径，但成本高，明显高于其他行业。信息传输、软件和信息技术服务业认为获取信用服务很容易，达到13.1%，远高于其他行业，见表10-68。

表10-68　企业对获取政府和社会提供的信用服务途径的评价（分行业）

单位：%

	制造业	房地产业	交通运输仓储和邮政业	批发和零售业	信息传输、软件和信息技术服务业
很容易	3.5	0.0	5.4	1.7	13.1
有途径，但成本高	62.0	74.2	62.2	63.9	67.4
没有获取途径	34.5	25.8	32.4	34.4	19.5

对于国家加强诚信体系建设，89.8%的企业愿意将本企业信息纳入诚信体系中，明确表示不愿意的企业只有7.3%。从地区看，各地区情况类似，基本都愿意将信息纳入诚信体系；不愿意将信息纳入诚信体系的，中部地区最低，只有4.9%，远远低于东部7.6%和西部8.5%的比例。从行业看，房地产业最愿意将本企业信息纳入诚信体系，比例为93.8%，明确表示不愿将本企业信息纳入诚信体系中的比例最高的为制造业，占8.7%，最低的为批发零售业，占4.7%。对于不愿意纳入诚信体系的原因，从地区看，各地区基本相同，66.5%的企业担心核心经营数据外泄，32.9%的企业对诚信体系建设缺乏信心，见表10-69。

表10-69　企业不愿意纳入诚信体系的原因（分地区）

单位：%

	东部	中部	西部	全国
对诚信体系建设缺乏信心	36.2	24.9	29.6	32.9
担心企业核心经营数据外泄	63.8	75.1	67.5	66.5
其他	0.0	0.0	2.9	0.6

从行业看，制造业和信息传输、软件和信息技术服务业最担心核心经营数据外泄，为83.4%，交通运输仓储和邮政业最低，为50%。对于诚信体系建设缺乏信心的交通运输仓储和邮政业行业最高，为50.0%，见表10-70。

表10-70　企业不愿意纳入诚信体系的原因（分行业）

单位：%

	制造业	房地产业	交通运输仓储和邮政业	批发和零售业	信息传输、软件和信息技术服务业
对诚信体系建设缺乏信心	16.6	40.0	50.0	33.6	16.6
担心企业核心经营数据外泄	83.4	60.0	50.0	66.4	83.4
其他	0.0	0.0	0.0	0.0	0.0

3. 六成企业认为日常经营中最突出的诚信问题是拖欠货款、"三角债"问题

调查中，61.7%的企业认为日常经营中最突出的诚信问题是"拖欠货款、'三角债'问题"。39.3%的企业认为"合同违约严重"，30.6%的企业认为"假冒伪劣盛行，制假贩假猖獗"，认为"企业财务信息严重失真"的比例最低，为23.6%。

从地区看，中部地区企业经营中遇到"拖欠货款，'三角债'问题"最多，为64.1%，高于东部61.6%和西部60.5%的比例；"企业财务信息严重失真"的问题较少，为18.3%，低于东部25.0%和西部23.7%的比例。中部地区企业遇到"假冒伪劣盛行，制假贩假猖獗"的问题较多，为37.3%，高于东部28.8%和西部30.5%的比例，见表10-71。

表10-71　企业在日常经营中遇到的突出诚信（信用）问题（分地区）

单位：%

	东部	中部	西部	全国
拖欠货款，"三角债"问题	61.6	64.1	60.5	61.7
合同违约严重	39.6	37.3	40.1	39.3
企业财务信息严重失真	25.0	18.3	23.7	23.6
假冒伪劣盛行，制假贩假猖獗	28.8	37.3	30.5	30.6
其他	5.9	9.2	7.3	6.7

从行业看，制造业和信息传输、软件和信息技术服务业的企业在日常经营中遇到"拖欠货款，'三角债'问题"尤为突出，分别为67.0%和70.2%，高于交通运输仓储和邮政业51.4%、房地产及批发和零售业40.6%的比例。交通运输仓储和邮政业"合同违约严重"的问题比例最高，达到43.2%，高于制造业、批发和零售业、信息传输、软件和信息技术服务业37.0%、34.4%和38.3%的比例，房地产业"合同违约严重"的问题比例最低，为25.0%。房地产业"企业财务信息严重失真"的问题最严重，达到37.5%，交通运输仓储和邮政业财务信息严重失真的问题最少，为18.9%。制造业、房地产、批发和零售业存在"假冒伪劣盛行，制假贩假猖獗"的问题相对较多，比例分别为32.2%、37.5%和37.5%，交通运输仓储和邮政业与信息传输、软件和信息技术服务业比例较低，分别为16.2%和25.5%，见表10-72。

表10-72　企业在日常经营中遇到的突出诚信（信用）问题（分行业）

单位：%

	制造业	房地产业	交通运输仓储和邮政业	批发和零售业	信息传输、软件和信息技术服务业
拖欠货款，"三角债"问题	67.0	40.6	51.4	40.6	70.2
合同违约严重	37.0	25.0	43.2	34.4	38.3
企业财务信息严重失真	20.7	37.5	18.9	26.6	27.7
假冒伪劣盛行，制假贩假猖獗	32.2	37.5	16.2	37.5	25.5
其他	3.6	9.4	8.1	14.1	12.8

4. 多数企业认为加强诚信监管关键在于实现信息共享

调查中，87.8%的企业认为加强诚信监管的重中之重在于"整合公安、税务、银行、证券、劳动、安全等部门的信息，实现信息互通互联，信息共享"。高于"整合相关机构，统一行使相关职能，防止信息分割"67.1%和"提高信息采集水平"60.3%的比例。认为"大力发展评估评级与服务等第三方机构"为加强诚信监管重点的企业比例最低，为42.1%。

从地区看，对于加强监管的重点，各地区比例基本相同。东、中、西部都认为"整合公安、税务、银行、证券、劳动、安全等部门的信息，实现信息互通互联，信息共享"是监管重点，比例分别为 89.1%、86.6%和84.7%，见表10–73。

表 10–73　企业认为加强诚信监管的重点（分地区）

单位：%

	东部	中部	西部	全国
整合相关机构，统一行使相关职能，防止信息分割	65.6	68.3	70.6	67.1
整合公安、税务、银行、证券、劳动、安全等部门的信息，实现信息互通互联，信息共享	89.1	86.6	84.7	87.8
提高信息采集水平	61.0	53.5	63.8	60.3
大力发展评估评级与服务等第三方机构	41.0	41.5	45.8	42.1
其他	0.2	1.4	0.6	0.5

从行业看，各行业都认为"整合公安、税务、银行、证券、劳动、安全等部门的信息，实现信息互通互联，信息共享"是加强诚信监管的重点。其中，交通运输仓储和邮政业为94.6%，明显高于其他行业。批发和零售行业、房地产行业认为"大力发展评估评级与服务等第三方机构"比例最高，分别为54.7%和53.1%，远高于其他行业，见表 10–74。

表 10–74　企业认为加强诚信监管的重点（分行业）

单位：%

	制造业	房地产业	交通运输仓储和邮政业	批发和零售业	信息传输、软件和信息技术服务业
整合相关机构，统一行使相关职能，防止信息分割	66.6	59.4	73.0	65.6	66.0
整合公安、税务、银行、证券、劳动、安全等部门的信息，实现信息互通互联，信息共享	87.1	87.5	94.6	87.5	89.4
提高信息采集水平	62.2	56.3	64.9	50.0	46.8
大力发展评估评级与服务等第三方机构	39.4	53.1	40.5	54.7	42.6
其他	0.4	0.0	0.0	0.0	0.0

（十三）对企业退出监管的看法

1. 绝大多数企业近年来没有对所属企业进行过破产清算

95.1%的企业近年来没有对所属企业进行过破产清算。进行过破产清算的企业占 4.9%。企业破产清算总平均耗时 157 个工作日，最多 1000 个工作日，最少不足 5 个工作日。

从地区看，东部地区近年来进行过破产清算的企业比例相对较高，达到 5.1%，高于西部 4.5%和中部 4.3%的比例，见表 10-75。

表 10-75　企业近年来是否对所属企业进行过破产清算（分地区）

单位：%

	东部	中部	西部	全国
是	5.1	4.3	4.5	4.9
否	94.9	95.7	95.5	95.1

从行业看，近年来批发和零售业破产清算最多，比例占 9.5%。房地产业最低，没有破产清算情况，见表 10-76。

表 10-76　企业近年来是否对所属企业进行过破产清算（分行业）

单位：%

	制造业	房地产业	交通运输仓储和邮政业	批发和零售业	信息传输、软件和信息技术服务业
是	5.2	0.0	2.9	9.5	6.4
否	94.8	100.0	97.1	90.5	93.6

对于破产清算，企业遇到的最主要的三个问题分别是："职工安置"（占 16.0%）、"土地、债务等历史遗留问题多"（占 11.2%）和"地方政府维稳压力大"（占 10.9%）。其次是"银行等债权人因保护自身利益不同意破产"（占 8.6%）。

从地区看，东部遇到的主要问题是"职工安置"、"地方政府维稳压力大"和"土地、债务等历史遗留问题多"，分别占 16.1%、11.6%和 11.5%。中部地区遇到的最主要问题是"职工安置"，比例为 13.4%，远远高于其他因素。西部地区遇到的问题与东部地区基本相同，见表 10-77。

表 10-77　企业认为在所属企业破产清算中遇到的主要问题（分地区）

单位：%

	东部	中部	西部	全国
地方政府维稳压力大	11.6	6.3	12.4	10.9
职工安置	16.1	13.4	18.1	16.0
银行等债权人因保护自身利益不同意破产	7.9	7.0	11.9	8.6
土地、债务等历史遗留问题多	11.5	8.5	12.4	11.2
向法院申请破产程序复杂，不易受理	5.9	4.2	9.0	6.3
相关法规滞后	5.2	2.8	4.0	4.5
缺少政策支持	4.8	4.2	5.6	4.9
其他	1.1	0.7	0.6	0.9

从行业看，除房地产业遇到的主要问题是"地方政府维稳压力大"（18.8%）外，其他行业遇到的最主要问题均是"职工安置"，其中以信息传输、软件和信息技术服务业为最高，达到 23.4%，见表 10-78。

表 10-78　企业认为在所属企业破产清算中遇到的主要问题（分行业）

单位：%

	制造业	房地产业	交通运输仓储和邮政业	批发和零售业	信息传输、软件和信息技术服务业
地方政府维稳压力大	10.3	18.8	8.1	12.5	8.5
职工安置	14.3	12.5	10.8	17.2	23.4
银行等债权人因保护自身利益不同意破产	8.2	12.5	2.7	6.3	8.5
土地、债务等历史遗留问题多	10.7	12.5	8.1	12.5	10.6
向法院申请破产程序复杂，不易受理	6.8	12.5	2.7	4.7	0.0
相关法规滞后	4.6	9.4	2.7	3.1	0.0
缺少政策支持	5.2	9.4	0.0	3.1	0.0
其他	1.4	3.1	0.0	0.0	0.0

2. 多数企业认为破产是让落后企业退出市场的最好方式

66.1%的企业认为破产是让落后企业退出市场的最好方式。从地区看，东部企业更倾向于破产是让落后企业退出市场的更好方式，比例达到 68.5%，大于西部 64.3% 的比例，中部企业相对最低，为 59.8%，见表 10-79。

表 10-79 企业是否认为破产是让落后企业退出市场的更好方式（分地区）

单位：%

	东部	中部	西部	全国
是	68.5	59.8	64.3	66.1
否	31.5	40.2	35.7	33.9

从行业看，房地产业、交通运输仓储和邮政业认为破产是让落后企业退出市场的更好方式的比例最高，分别为 80.6% 和 77.8%，高于其他行业约六成的比例，见表 10-80。

表 10-80 企业是否认为破产是让落后企业退出市场的更好方式（分行业）

单位：%

	制造业	房地产业	交通运输仓储和邮政业	批发和零售业	信息传输、软件和信息技术服务业
是	66.1	80.6	77.8	69.6	61.7
否	33.9	19.4	22.2	30.4	38.3

3. 产权转让程序复杂是企业转让退出存在的主要问题

调查企业认为转让退出（包括丧失控股地位、被兼并）存在的最主要的三个问题分别是"产权转让程序复杂"（占 55.6%）、"土地、债务等历史遗留问题多"（占 50.1%）以及"产权转让信息不公开，难以寻找合适受让方"（占 49.9%）。

从地区看，"产权转让程序复杂"的问题在东部地区、西部地区企业中最为突出，分别占 54.3% 和 59.3%。56.3% 的中部地区企业认为"土地、债务等历史遗留问题多"是转让退出存在的最主要问题。49.2% 的西部地区企业认为"兼并交易环节税负重，削弱并购积极性"是主要问题，高于东部 47.0% 和中部 43.0% 的比例，见表 10-81。

表 10-81　企业认为转让退出存在的主要问题（分地区）

单位：%

	东部	中部	西部	全国
产权转让信息不公开，难以寻找合适受让方	49.4	49.3	52.0	49.9
产权转让程序复杂	54.3	55.6	59.3	55.6
职工存在抵触情绪，职代会难以通过	31.2	31.0	29.9	30.9
土地、债务等历史遗留问题多	46.8	56.3	55.4	50.1
产权流转体制不顺畅	37.3	33.8	39.0	37.1
兼并交易环节税负重，削弱并购积极性	47.0	43.0	49.2	46.7

从行业看，制造业、批发和零售业和信息传输、软件和信息技术服务业认为"产权转让程序复杂"是转让退出的最主要问题，分别占 52.3%、57.8% 和 66.0%，房地产业认为最主要问题是"兼并交易环节税负重，削弱并购积极性"，占 62.5%，交通运输仓储和邮政业则认为"土地、债务等历史遗留问题多"是最主要问题，占 62.2%，见表 10-82。

表 10-82　企业认为转让退出存在的主要问题（分行业）

单位：%

	制造业	房地产业	交通运输仓储和邮政业	批发和零售业	信息传输、软件和信息技术服务业
产权转让信息不公开，难以寻找合适受让方	51.1	46.9	51.4	40.6	57.4
产权转让程序复杂	52.3	46.9	59.5	57.8	66.0
职工存在抵触情绪，职代会难以通过	30.4	28.1	35.1	35.9	29.8
土地、债务等历史遗留问题多	50.3	40.6	62.2	40.6	46.8
产权流转体制不顺畅	36.0	34.4	24.3	37.5	38.3
兼并交易环节税负重，削弱并购积极性	47.1	62.5	35.1	35.9	55.3

政策环境篇

中国企业发展环境报告

第十一章　上市公司发展混合所有制的现状与建议

30多年国企改革的实践表明，上市公司是实现混合所有制的重要形式，有利于各种所有制资本取长补短、相互促进、共同发展，但是大量的上市公司并没有因股权融合而使各种所有制优势得以发挥，混合所有制改革仍需从多方面进一步改善。为深入贯彻中共十八届三中全会关于"积极发展混合所有制经济"和"新国九条"关于"推进混合所有制经济发展"的精神，近期中国上市公司协会联合中金公司就上市公司发展混合所有制状况进行了专题调研，先后在上海、湖南、安徽和北京召开了由48家上市公司参与的7场座谈会和1场7家PE机构座谈会，并实地走访4家上市公司。下面是调研公司反映的主要情况和相关建议。

一、对混合所有制的认识及看法

1. 调研公司普遍认为上市公司是实现混合所有制的重要方式，但是，仅仅实现股权多元化，并不等同于发挥多种所有制优势

一些国有绝对控股上市公司表示，公司除了通过上市吸收了多种股份，实现了股权多元化，并按照上市公司的监管要求建立了股东大会、董事会等治理体系以外，其他各方面基本没有大的变化，依然沿袭传统的管理模式。一些国有相对控股上市公司也认为，虽然其在股权结构方面已经符合混合所有制的要求，但在人事任免、薪酬考核、公司治理、经营决策等方面都尚未发挥出混合所有制的优势。很多公司认为这种状况与所期盼的真正混合所有制仍有较大差距，"形似而神不至"。并认为衡量是否是真正意义上的混合所有制经济，不仅要看是否实现了多种所有制的股权融合，还要看企业运营中，各种所有制能否取长补短、相互促进，从而提高企业的市场化程度和治理水平。

2. 调研公司都希望混合所有制可以充分发挥各种所有制的比较优势，但存有顾虑

国有企业希望通过混合所有制转变经营机制、优化治理结构、增强活力、提升市场化水平。民营企业希望通过混合所有制增强融资和获取资源能力、增强市场竞争力、消除被歧视状况。但是，对于发展混合所有制，各方都存在顾虑。国企担心与民企混合，成功则已，一旦出现问题，会有"国有资产流失"的嫌疑和风险，甚至会被认为是"利益输送"，仍倾向于与风险较小的国企合作。此外，还担心出现过往民企"掏空"企业的现象。民企则普遍担忧参股国企后，会"被控制"、"投资陪绑"、"被行政化"、效率降低以及管理理念和文化冲突等。这些顾虑影响了一些公司参与混合所有制的积极性，它们更倾向于维持现状。也有一些公司尽管有一些顾虑，但是仍然很积极地在推进混合所有制，特别是一些处于竞争性行业的国有上市公司，希望通过引入战略投资者等方式尽快实现混合所有制，进一步改善经营机制。

3. 调研公司普遍认为混合所有制的核心在于治理机制的市场化

大部分上市公司和机构投资者均表示混合所有制不能等同于股权多元化和股份制，不能简单认为在国企中引入非公有资本实现股份制就是混合所有制。混合所有制的核心在于治理机制的市场化，不是"一混就灵"。混合所有制不仅仅是股权结构的混合，混合所有制的关键是要实现利益制衡和管理机制转变，在生产经营中要消除"所有制鸿沟"和摘掉"所有制标签"，充分发挥各种所有制的优势，激发企业活力。

二、优化股权结构，实现治理制衡

多数参加调研的上市公司认为优化股权结构是发展混合所有制的重点之一，是实现"协调运转、有效制衡的公司法人治理结构"的基础。但是，由于缺乏具体的规定和相关实施细则，制约了改革步伐。建议分类、分层推进优化国有股权结构，并尽快出台相关的操作细则。

1. 分类优化股权结构

调研中，各企业都比较关心混合所有制的股权结构状况，一致认为一个好的股权结构会有利于更好地发挥混合所有制优势。如某家国有控股上市公司，一直努力希望通过引入战略投资者，来优化股权结构，完善市场化经营机制。多家企业认为，除一些重要行业和关键领域，国有资本必须继续保持绝对控股地位之外，在一些充分竞争的领域，上市公司可以适当降低国有股比例，吸收民营资本进入。也有多家民营上市公司认为在竞争特别激烈的领域，高效灵活的经营机制是经营成功的关键所在，民营资本可以多占些股份，国有股权可以相对控股或参股。

有的企业提出，对于一些必须由国有资本控股的上市公司，可由目前的1家国有单位持有股份，改为由3~4家国有单位来持股。建议采取国有单位之间的无偿划转来实现国有股权的分散和均衡，改变"一股独大"状况，通过股权制衡来优化结构，提高市场化程度。逐步实现控股股东从"管人、管事、管资产"向"管资本"转变，控股股东通过股东大会、董事会等公司治理体系行使出资人权利。

建议对上市公司实行行业、领域、股权比例分类，制定不同的股权结构优化目标和途径，明确时限和责任要求，分步推进，渐进实施。鼓励引导上市公司建立科学、有效的股权结构，以便形成多方股东的利益制衡。

2. 明确国有持股比例的政策规定和细则

调研发现，国有控股上市公司管理层对推进发展混合所有制的积极性差异较大。部分公司反映发展混合所有制是控股股东和各级国资委的事情，上市公司主动权很小，无能为力，改革积极性不强。一些改革积极性较高的企业表示，现在混合所有制改革的方向已明确，但具体政策还不够明确，缺乏操作细则，不知如何实施，导致高管层裹足不前。由于缺乏具体的规定，国资监管部门在推进改革过程中，也觉得尺度难以把握，只能凭借经验和理解。有企业提到，混合所有制改革的政策一定要保持连续性，确定的政策不能轻易改变，如 20 世纪 90 年代初当地曾支持职工持股，2008 年又规范清理，不允许员工持股，员工意见很大，给管理层带来很大压力。企业害怕改革政策多变，缺乏连续性。

企业强烈呼吁尽快出台混合所有制改革的具体细则和实施指引。希望对不同类型上市公司的国有股比例范围或下限提出明确的规定，严格按规定执行。有的企业建议对改制过程中股权转让的定价基础也应作出明确规定，既要激发企业改革的积极性和动力，又要避免国有资本流失的风险。

三、改革股东监管，推进机制市场化

调研企业反映，规范控股股东的行为可以有效地保护其他股东和投资者的利益，助推混合所有制改革。目前控股股东违规占用上市公司资金、操纵市场、内幕交易、违背承诺等时有发生，此外，国有控股股东对上市公司人事任免、重大事项决策、薪酬管理等干预导致企业机制难以市场化。企业呼吁要尽快改革现有的股东监管制度，激发企业活力，推动企业机制市场化。

1. 减弱股东"管事"权，切实向"管资本"转变

企业普遍反映，"管人、管事、管资产"的监管方式管得太细太具体，容易把企业管死，无法释放活力，尤其是在经营决策、人事任免、业绩考核和薪酬管理等方面。在经营决策上，应该更多地发挥上市公司董事会和管理层的作用，如果控股股东过多地参与，会影响企业的管理效率，甚至影响企业的市场竞争力；在业绩考核上，不同行业企业的特点不同，不应也很难用统一的标准来衡量。在薪酬管理上，由于人才具有很强的流动性，企业的薪酬制度必须适应市场的变化，否则不利于企业留住和吸引优秀人才。

调研发现，一些地方的国有企业改制上市后，实行了市场化的经营管理机制，业绩斐然，竞争力提升显著，国有资本大幅增值。这些企业的董事长均表示其业绩的取得最重要的原因是实行了市场化的经营管理机制，进一步扩大了企业的自主权。

调研还发现，目前各地出现的企业成功改革范例有一个共同的特点，就是

这些企业的股东"少管事"或"不管事",股东重点关注资本增值。这种制度安排在很大程度上是由于得到了当地领导的大力支持。有的省分管企业改革工作的领导明确要求控股股东不要对上市公司的事管得太细。科大讯飞表示,中国科学技术大学的领导对企业的创新工作很支持,但是中国科学技术大学的领导从不参与企业的具体事务,放手让企业在市场中寻求发展,并取得了很好的业绩。事实上,联想集团的快速发展也在很大程度上得益于其股东中国科学院放手让其实行市场化的经营机制。相比之下,如果主管部门对企业管得太具体,企业需要耗费大量的精力和时间来应对各种审批、检查、报表和会议,反而会影响企业的发展。

大部分国有上市公司认为,目前公司的管理机制与非上市公司没有什么区别,企业缺乏活力。所有调研公司都呼吁要给企业更多的经营自主权,尽快建立起以"管资本"为主的国有资产监管体系,激发企业活力,推动企业机制市场化。

2. 优化母公司结构,规范上市公司治理

调研发现,许多核心资产已整体上市的国有企业虽然已经按照上市公司的要求,建立了包括股东大会、董事会、监事会、独立董事在内的治理体系,但是上市公司与母公司的管理层和职能部门基本都是重叠的。在此状况下,上市公司的治理体系无法很好地发挥作用。调研中,无论是国有控股企业还是民营控股企业,都反映独立董事发挥作用不够,由于独立董事的选聘和报酬由大股东决定,加上其专业性不足和对企业缺乏了解,"不独立、不懂事",监督制衡作用非常有限,建议由中国上市公司协会等自律组织建立全国统一的独立董事人才库,并对独董履职情况进行评价,向社会定期公布,以增强独立董事的独立性和履职水平。很多企业反映,上市公司与控股股东之间的高度重合导致混合所有制的优势很难发挥。建议要进一步规范上市公司的治理结构,对于主要资产都已上市的大型国有企业,可以将母公司改组为国有资本投资公司,从而更好地发挥上市公司在企业经营方面的作用。调研发现,上市公司的股东干预强弱很大程度上与控股股东性质密切相关。无论控股股东是国有企业还是民营企业，只要股东是投资类的，主要都关注资本的增值，基本不干预上市公司决策和经营事务，通常会赋予董事会较大权利。只要股东是产业或实业类的，通常都会把上市公司作为一般子企业来运营。对于主要资产尚未整体上市的企业，也要进一步落实上市公司与控股股东的机构、人员实行分开，明晰股东大会、董事会、监事会的规则，改变独立董事的选聘机制，从体制机制上保证上市公司的规范运作。

3. 从顶层设计入手，完善国有资产监管

调研的国有控股上市公司，都对改革国有资本授权经营体制寄予很大的希望。认为通过组建国有资本运营公司，支持有条件的国有企业改组成为国有资本投资公司，有利于完善国有资产管理体制，有利于以管资本为主加强国有资产监管。它们认为，最重要的是要建立以"管资本"为主的观念，否则，新建立的国有资本平台仍可能沿袭现行的行政监管方法，企业反而多了个"婆婆"，导致决策效率可能更低。许多企业建议新的国有资本平台可以借鉴新加坡淡马锡的模式，对其投资的参控股企业，仅履行财务投资者角色。淡马锡最注重的是建立一个完善的治理体系，放手让被投资企业在治理体系框架下开展经营活动。

4. 规范国有股东行为，实现同股同权

调研公司反映，混合所有制应真正实现同股同权，切实规范各类股东通过董事会、股东大会平等行使权利，而非借助控股股东地位越权行使。目前，同股不同权问题较为普遍。大多数国有集团或控股公司是按照一般子（或孙）公司方式对上市公司进行管理，没有考虑上市公司的资本市场属性，在涉及重大资产重组等重大事项上，往往由控股股东说了算，小股东很难参与。大股东的超强控制往往造成董事会专业委员会形同虚设，监事会发挥作用的空间有限。在信息知情权方面，大股东往往在上市公司正式发布对外公告前，就已经获悉公司的关键信息。企业建议要通过制度保障，规范大股东行为，大股东不宜作为特殊股东做特殊处理，所有股东的权力应统一在股东大会和董事会层面体现，防止控股股东跨过董事会直接干预企业经营。

一些民营上市公司认为，要真正实现混合所有制，发挥混合所有制的优势，必须解决同股不同权的问题，平等看待所有股权，消除对民营资本在观念上的一些看法，真正按照市场规律和公司法规定运行，规范行使权力。

5. 推进建立市场化的经营机制

调研公司认为发展混合所有制关键是转换企业经营机制，真正发挥市场在资源配置中的决定性作用。调研公司最关心的问题是经营机制的市场化，认为经营机制的市场化是企业活力的根本。例如，南昌钢铁上市不久经营不善，后转让给方大集团，方大集团接手后，一个人没换，只是转变机制，利润大幅度提高。一个反例是另一家企业上市初董事会规范，经理层市场化，企业迅速发展壮大，而后集团加大控制，将董事会和高管全部换成控股股东人员，最终导致小股东被挤走，科技人员流失，企业经营困难。

多家企业都认为文化观念的转变是混合所有制企业机制转变的基础，混合所有制企业在文化上的突破可能比体制上的突破还要困难。以前国有企业内部存在平均主义思想，尤其是老国企的老员工，缺乏市场经济的契约精神，对市场化改革存在畏难情绪。建议在本轮混合所有制改革中，要妥善解决上一轮改革遗留的一些老大难问题，深化劳动、人事、分配"三项制度"改革，最大限度调动员工的积极性和主动性。

四、完善激励机制，激发企业活力

多数调研公司反映，混合所有制改革应重视建立科学的激励机制，特别是要建立有效的对管理人员的激励机制。目前社会上对一些国有上市企业的管理层人员享受高薪的现象反映强烈，而另一方面，一些真正为企业作出巨大贡献的管理人员却没有得到相应的激励。建议建立科学的激励机制，既发挥好企业经营团队的作用，也充分调动广大员工的积极性，充分激发企业活力。

1. 科学设定激励方式

大部分调研企业赞同实行股权激励，允许混合所有制经济实行企业员工持股。参加调研的投资基金公司表示，作为机构投资者将资金投入上市公司以后，希望管理层能够持股。一些机构投资者明确表示管理层持股是其参与投资的先决条件之一。他们认为，管理层持股可以增强社会公众和投资者对企业的投资信心，有助于稳定管理团队，从而建立有竞争力的企业结构。通过管理层持股将其责任心和利益感与企业发展紧密联系是企业成功的关键因素。

对于持股和股票期权这两种激励方式，目前机构投资者更趋向于采用管理层持股的方式。他们认为，鉴于以前实施期权激励方式的经验，目前国际上已比较少采用期权激励的方式。如苹果公司20世纪90年代曾经实施大量期权激励员工，2001年股灾后，其股价远低于期权行权价格，期权激励毫无价值，不得不发行新期权替换老期权。此外，现金激励的方法也存在明显的弊端，现金激励的短期性与要求高管注重长期发展不一致，也不适合用于对高管层进行激励。相比之下，国际上较多的上市公司是采用对管理层的股权激励方式。调研还发现，实行管理层持股时，如何确定购买股票的价格，也是各方面都很关心的问题。

也有部分企业反映，鉴于上市公司高管的任期短、流动性频繁、股价难以真正反映企业价值等因素，对实施股权激励存在顾虑。尤其是对中小板和创业板公司高管减持套现激增态势应进一步细化信息披露制度。

2. 妥善处理好管理层激励和员工持股

参加调研的机构投资者普遍支持上市公司管理层持股，他们认为，除了鼓励企业管理层持股以外，还应该吸引企业的技术和业务骨干持股。但机构投资者对于普通员工的持股则持谨慎的态度。

很多调研企业对全员持股问题有不同的看法。海螺水泥认为员工持股对企业发展起到了积极作用。2002年海螺水泥实行全员持股改制，7000名员工持有股份，先委托工会牵头成立员工持股会，后又以此为基础成立海创公司作为红筹股在香港地区上市，极大地调动了员工的积极性，提升了企业的价值。10年间，虽然海螺水泥国有股持股比例从60%多下降到不到40%，市值却从17亿元增长到467亿元，增值了26.5倍，成为水泥行业的龙头企业。

也有企业对全员持股有顾虑，认为全员持股是一种普惠性的持股方式，其激励作用有限，而且会带来一些问题。湖南出现过多例因企业经营不善，股票价值下降，持股员工不断上访的现象。全员持股往往实施于改制上市之初，新加入员工包括核心岗位员工往往无法再按改制时的办法持股，导致很难平衡新老职工的关系。如某企业上市前实行全员持股，甚至包括保安、司机等，结果上市后老员工获益颇丰，新引进的技术骨干收入却远低于老员工，最终导致企业团队建设出现很大问题。

建议在实行员工持股的方案时，要统筹考虑，既要处理好管理人员与普通员工之间的关系，也要处理好新老员工之间的关系。

3. 推进激励机制改革的相关配套政策

调研企业都希望尽快推进激励机制改革，出台相关配套政策。企业反映目前国有上市公司实施股权激励，既要符合证券监管部门对上市公司实施股权激励的要求，还要获得国资监管部门的批准，且审批难度很大。一些企业多年前实施过的股权和期权激励办法，后来因种种原因已停止执行。这些企业建议简化对股权激励的审批制度，建立明确的股权激励政策，在政策范围内由企业自主决定激励方式。

有些地方的上市公司反映，目前有的企业采取的是代持管理层股份的方式，在出售或分红时面临企业和个人双重所得税问题，削弱了激励效果，效果甚至不如管理层人员直接从二级市场上购买股票，他们建议出台相应的税收调整措施，正面强化激励效应。

多家调研企业反映，国家对竞争性行业国企的工资总额管理过严，如果要提高核心人员待遇就要同时降低其他职工待遇，难以操作，很难留住核心骨干，这对创新、技术型企业的影响尤其大，人才流失问题严重。它们建议放宽对竞争行业上市公司的工资总额限制，搞活激励机制。

针对持股职工人数超过 200 人，以及工会持股、持股会以及个人代持股的企业在上市方面存在的各种限制，有企业建议应配合混合所有制改革进一步改进 IPO 制度。

五、推动高管选聘市场化，建立职业经理人制度

调研公司和机构投资者普遍认为，一个完善的管理层团队是企业实行混合所有制的重要基础，它们建议推进企业高管选聘市场化，逐步建立职业经理人队伍。

1. 改变上市企业高管的选聘制度

参加调研的国有控股上市公司的领导都赞成要建立职业经理人制度。他们认为建立职业经理人制度的关键是要改变现有的企业高管的选聘制度。某上市公司从市场上选聘了一位具有投资银行和基金工作经验的专业人士担任总经理，率领企业快速发展，受到各方面好评。有家上市企业提到，虽然省国资委是公司第一大股东，但在 7 人董事会中仅派出 1 名董事，除了董事长以外，高管层均实行市场化招聘，没有行政级别，董事会对高管任命具有高度的自主权。

也有企业认为虽然现在国有上市公司表面上已经没有明确的行政级别，但实际上仍存在着无形的行政级别烙印，企业在人事安排和日常工作中，仍然无法摆脱行政级别的影响，如果不改变这种状况，混合所有制改革仍旧难以操作。一些国有控股上市公司负责人主动提出，企业领导应该完全取消行政级别，不再同时有"企业家"和"官员"的双重角色。

企业建议经过 30 多年的改革，我国现在已经具备了改变企业高管选聘制度的条件。上海市已作出新的规定，竞争类国企的领导班子，除了董事长、总经理和监事会主席以外，副职成员逐步由董事会聘任和解聘。大家普遍认为这是一个很好的开端。

2. 建立高素质的上市公司管理团队

调研企业普遍反映，上市公司要发挥混合所有制的优势，必须有一支高素质的管理团队。首先，企业领导和管理团队要有为企业的长期发展而努力的远见，不能只注重短期利益，只注重实现任期内的目标。管理团队要能够充分调动各方面的积极性，发挥混合所有制经济内各方面的优势。对于混合所有制改

革，民营上市公司普遍表示它们选择"混合"，在很大程度上是选人，选择一个好的管理团队，否则，它们不放心把资金投入其中。机构投资者在决定是否要以战略投资者身份投资上市公司时，首先要考虑的也是公司是否有一个优秀的管理团队。一家大型私募投资基金总经理反映，在其对企业投资时，外部总认为私募基金很强势，其实当遇到被投资公司没有一个好的管理团队时，也无能为力。

3. 建立职业经理人制度

多家调研企业均提到国有上市公司要实现真正混合所有制，必须建立职业经理人制度，培育一批真正意义上的职业经理人和企业家队伍。上市公司层面应全面推行市场化选聘、契约化管理的职业经理人制度，建立相应的规则，明确高管层责任、权利和义务，严格聘用期管理和目标考核，畅通退出机制。职业经理人应通过市场以竞争方式由董事会选聘，在激励约束方面，以市场化的经营业绩为标准进行考核，采用市场化的薪酬结构和水平。实践证明，职业经理人制度完善的企业，公司治理都比较规范。但是，上市公司在引入职业经理人的过程中也存在很多教训，甚至会碰到一些道德和诚信缺失的职业经理人。有几家企业提到曾经引入职业经理人，但其诉求与股东差异较大，缺乏忠诚度，经营预期不佳，甚至出现挖走企业客户和资源另起炉灶的现象。企业建议，要尽快建立一套完善的职业经理人制度，逐步培育职业经理人竞争市场，创建适宜职业经理人发展的社会环境。还建议中国上市公司协会应该对上市公司职业经理人的诚信和价值认知进行评价，建立职业经理人声誉激励机制，总结推广职业经理人的成功经验，这对职业经理人制度的普遍推行将会产生极大的示范效应，并进一步促进提高上市公司质量。

第十二章　关于建议修订《特别规定》和《必备条款》改善 H 股公司发展环境的研究报告

（摘要版）

一、《特别规定》与《必备条款》出台的背景以及法律地位

1. 中国境内企业境外上市的基本情况

境外直接上市，是指在中国境内依照《中华人民共和国公司法》设立的股份有限公司到境外发行证券并且上市，这类公司在境外发行上市的股份通常被称为"境外上市外资股"，其中，在香港联合交易所（以下简称"港交所"）上市的股份被称为"H 股"。H 股公司是中国企业境外直接上市的主要形式①。

截至 2013 年底，共有 182 家企业直接到境外上市，其中，100 家仅在港交所上市，82 家在港交所和上海证券交易所或深圳证券交易所两地上市（A+H 股），H 股公司的总市值约占香港地区证券市场总市值的 19%。

H 股，特别是 A+H 股公司，不仅在香港地区市场中具有重要地位，同时，由于 A+H 股公司集中了中国上市公司中最优秀的部分，行业分布广泛，覆盖了金融、保险、能源、钢铁、医药、建筑、房地产、交通运输、装备制造业等重要产业中的龙头力量，已经成为中国经济的中坚力量。可以说，A+H 股公司的

---

① 本章研究报告不涉及境外间接上市的情况，境外间接上市是指境外控股公司取得或者控制境内企业的权益，包括股权或者资产后，以该境外控股公司为主体在境外发行证券并上市。

健康发展体现了中国企业的整体竞争能力，其表现一定程度上反映并影响着中国经济的发展。

由于 H 股、A+H 股公司的重要地位与影响，本章的研究范围仅限于 H 股公司和 A+H 股公司，以及内地、香港地区监管机构对 H 股公司的监管，并不涉及其他市场①。

2. 境内企业境外上市的法律根据

在青岛啤酒股份有限公司等第一批内地企业筹备在香港地区上市的时候，我国处于从计划经济向市场经济转轨的最初阶段，《中华人民共和国公司法》尚未颁布。根据有关文献记载，"内地、香港证券事务联合工作小组"下设的法律专家小组经过 7 个多月的努力，通过如下五个文件，弥补了两地法律差异，为境内企业在香港地区上市提供了法律方面的依据。境内企业在满足以上文件的相关要求后，就可以达到港交所的上市要求。

（1）《关于执行〈股份有限公司规范意见〉的通知》。

（2）《关于到香港上市的公司执行〈股份有限公司规范意见〉的补充规定》。

（3）《到香港上市公司章程必备条款》。

（4）《关于〈股份有限公司规范意见〉中若干问题的说明》。

（5）《监管合作备忘录》。

3.《特别规定》的法律性质

《特别规定》是由国务院于 1994 年 8 月 4 日发布的，其发布日期是在《中华人民共和国公司法》的发布与实施之后。如前所述，它是在《公司法》的基础之上，对原国家体改委于 1993 年 5 月 24 日发布的《关于到香港上市的公司执行〈股份有限公司规范意见〉的补充规定》修改、补充而成。

根据《特别规定》，"为适应股份有限公司境外募集股份及境外上市的需要，根据《中华人民共和国公司法》第 85 条、155 条制定本规定（第 1 条）"。《公司

---

① 就境内企业境外直接上市而言，由于在其他市场上市的情况并不多见，且在其他市场的境内企业通常也在香港地区市场上市，内地、香港两地监管机构对境内企业在香港地区上市的监管就成为主要的问题。在本章中，H 股公司也称为境外上市企业、境外上市公司，或者中国发行人。

法》第 85 条、155 条的内容授权国务院就股份有限公司向境外公开募集股份和境外上市做出特别规定。

《特别规定》具有行政法规性质，属于规范股份有限公司向境外公开募集股份与境外上市的特别法。

4.《必备条款》的法律效力

《必备条款》是原国务院证券委、原国家体改委根据《特别规定》第 13 条制定的，适用于所有的境外上市公司，并不局限于在香港地区上市的公司。

根据两部委发出的《关于执行〈到境外上市公司必备条款〉的通知》：

首先，到境外上市的股份有限公司，应当在其公司章程中载明《必备条款》所要求的内容，并不得擅自修改或者删除《必备条款》的内容。

其次，《必备条款》自本通知印发之日起生效，在此之前已经获得批准的境外上市公司的公司章程不符合《必备条款》规定要求的，有关公司应当在本通知发出后的第一次股东年会上，对其公司章程做出相应的修改。

因此，对于境外上市公司而言，与《特别规定》相同，《必备条款》也属于强制性规定，因为公司章程中必须包括《必备条款》的内容，并且，《必备条款》修改、废除权不在境外上市公司，而是由颁布《必备条款》的中国政府部门决定。

5. 内地、香港两地监管机构的合作

从《特别规定》与《必备条款》磋商的过程来看，两个文件是内地、香港两地监管机构就中国境内企业境外直接上市的监管所达成的一致安排与意见，港交所相应地在《上市规则》之中增加了第 19A 章《在中华人民共和国注册成立的发行人》。

6.《特别规定》和《必备条款》超越了 1993 年《公司法》的规定

例如：①在投资人资格方面；②在发起人的人数方面；③在股东权利方面；④在发行股份的间隔期间方面；⑤在股东大会的通知期限方面；⑥在争议解决程序方面。

二、《特别规定》和《必备条款》已经落后于中国内地经济和法律现状，存在诸多与《公司法》的规定不一致的情况

2005 年的《公司法》做出了重大修改，全面提升了投资者保护的标准，已经基本上与国际先进水平接轨。《特别规定》和《必备条款》在如下方面与现行《公司法》存在差异①：①监事会的股东大会召集权；②少数股东的提案权；③股东大会的表决权；④股东大会的特别决议；⑤董事会的表决权；⑥董事会的资产处置权限；⑦董事长的表决权；⑧董事会召开的法定人数；⑨董事的责任；⑩公司减资、合并、分立的程序；⑪公司合并、分立后的法律责任；⑫法定代表人；⑬每股面值；⑭职工监事；⑮转投资的限制；⑯关联交易的表决权；⑰发起人的人数；⑱发起人的持股数目（内容略）。

三、《特别规定》和《必备条款》也落后于香港地区的《公司条例》和《上市规则》的要求，弱化了中国发行人的运营效率与国际竞争能力

《特别规定》和《必备条款》订立于 20 年之前，在过去 20 年间，香港地区的法规、上市规则均发生了很大的变化。比如，香港地区在 2003 年颁布了统一的《证券及期货条例》，并于 2014 年 3 月 3 日开始实施新的《公司条例》，港交所《上市规则》也已经反复修订。《特别规定》和《必备条款》不仅不利于提升内地发行人的公司治理水平，而且对中国发行人的运作形成不合理的制约，弱化了中国发行人的运营效率与国际竞争能力。相关内容涉及：①股东大会的通知期限；②股东大会的法定人数；③股东大会材料和财务报告的邮寄；④举手表决；⑤董事个人资料的查询；⑥年度财务报告的公布时间；⑦股东名册的关闭。

---

① 除非特别说明，本章凡提及《公司法》，均指 2013 年 12 月 28 日第三次修正的《公司法》。

四、中国上市公司的运作实践可以达到港交所要求的股东保障标准

归纳中国 《公司法》与港交所的股东保障标准相对应的具体规定以及有关股东保障的其他方面的规定，对中国《公司法》以及中国公司实践在股东保障方面的整体评价，我们认为：

第一，中国《公司法》对董事、监事、高级管理人员的义务与责任作出了系统的规定，其水平大体相当于香港地区《公司条例》与普通法的规定，特别是，有关董事的诚信义务或信托责任（Fiduciary Duty）的规定，包括忠实义务和勤勉义务方面，已经吸收了香港等普通法的主要内容，并在其他若干方面为股东行使和保障其权利作出了具体的制度安排。

第二，对比港交所有关股东保障标准的四方面规定，从目前的《公司法》和公司实践来看，有两个需要在实践中注意与完善的问题，一是年度股东大会的通知期限，《公司法》规定是 20 天，少于香港地区 1 天；二是《公司法》中没有类别股东权利的规定，需要由国务院作出规定，并纳入上市公司的公司章程。

总之，我们可以初步得出结论：中国内地为上市公司的股东所提供的保障水平大体相当于香港地区所提供的保障水平[①]。

五、结论与建议

1.《特别规定》的历史作用

如前所述，《特别规定》，包括《必备条款》构成中国企业境外直接上市的法律基础，发挥着如下三方面作用：

（1）弥合中国内地《公司法》与香港地区《公司条例》之间的差异，使中国企业可以达到港交所的上市标准。这是最为重要的作用，港交所 《上市规则》要求中国发行人、董事、监事遵守《特别规定》和公司章程。

---

① 根据港交所 《上市规则》19.05 条的规定，港交所接受海外发行人的证券上市，须确信海外发行人的注册或成立的司法地区为股东提供的保障至少相当于香港地区提供的保障水平。

但是，随着中国《公司法》的修订，《公司法》的规定在很多方面已经优于《特别规定》和《必备条款》，中国《公司法》与香港地区《公司条例》的差异究竟是什么？

港交所目前的做法是，如果中国发行人向中国主管机关申请在其公司章程中豁免遵守或者以其他方式修改《特别规定》的任何条文，应当在做出决定后在切实可行的范围内发布公告，并且在向股东寄送通函时，一并向港交所提交其中国律师向其发出的函件，说明章程的修订符合中国法律。

考虑到中国《公司法》的变化，港交所需要对两地法律的差异作出评估；两地的监管机构需要就《特别规定》和《必备条款》的修订内容进行沟通，在中国内地修订上述两个文件之后，港交所亦须跟进，修订其《上市规则》。

（2）作为中国企业境外直接上市的特别法，为境外上市企业的运作提供法律根据。中国《公司法》没有就中国企业境外直接上市应当处理的特殊问题做出具体规定，《证券法》也只是赋予国务院审批权。涉及的具体问题，如境外股东名册的备置，目前只能由《特别规定》提供相应的法律支持，以满足境内企业境外上市的需要。

如果修订或者废止《特别规定》，国务院和中国证监会需要考虑在采取上述举措之后，我国相关的法律、法规是否能够为境内企业境外直接上市提供可行、高效、低成本的监管框架。

（3）为中国证监会的行政执法提供法律依据。一般而言，企业到境外上市需要同时遵守注册地、上市地两地的法律，就股份上市、持续责任等与上市有关的事宜，应当遵守上市地的法律和《上市规则》。

目前《证券法》第 238 条是在原《证券法》第 29 条、原《公司法》第 85 条和 155 条修改而来，规定境内企业到境外发行证券或者将其证券在境外上市交易，必须经中国证监会依照国务院的规定批准。"国务院的规定"，就是指国务院根据原《公司法》的授权，在 1994 年 8 月 4 日发布的《特别规定》。

对境内企业到境外上市监管的目的是，"到境外发行或者上市证券的企业直接代表着我国企业在国际资本市场的形象，这些企业本身的质量如何，以及他们在境外发行上市的证券的质量如何，不仅关系到这些企业自身在国际市场上的形象和再筹资能力，而且还关系到能否保持中国企业在国际资本市场筹资的有效渠道，同时，境内企业到境外发行上市证券也会对我国宏观的经济结构、资本市场管理以及国家政治、经济方面的利益产生影响"。

根据目前我国证券市场的现状及发展的需要，包括《公司法》，以及境外上市企业的质量，上述监管目的在当前是否仍然适用，即是否需要审批；如果需要审批，审批的具体内容是什么，需要国务院和中国证监会重新作出评估。

事实上，中国证监会已经在放松对 H 股公司的管制，并于 2012 年 12 月 20 日发布了《关于股份有限公司境外发行股票并上市申报文件及审核程序的监管指引》，废止了 1999 年 7 月 14 日发布的《关于企业申请境外上市有关问题的通知》，简化了审核程序，放宽了境内企业境外发行股票和上市的条件，除主体资格、产业政策、利用外资政策和固定资产投资、依法合规经营等方面须符合有关规定外，没有对境内企业申请境外上市的条件另行作出额外规定，具体的上市条件将遵守上市地的有关规定。

对《特别规定》与《必备条款》的修订，仍然需要考虑以上三方面的需求。

2. H 股公司面临的实际困难

由于《特别规定》和《必备条款》落后于法律和市场实践，H 股公司与在港交所上市的其他海外发行人，以及境内的 A 股公司相比较，面临如下四个方面的实际困难：

（1）因《特别规定》与《公司法》相关规定不一致，公司处于不得不违反法律的困难境地。比如，《特别规定》第 21 条是有关股东提案权的规定，允许持有公司有表决权 5%以上的股东在年度股东大会上提出新的提案，而《公司法》将该项权利赋予持有 3%以上表决权的股东。如果 H 股公司采纳《公司法》的规定，就违反了《特别规定》，反之亦然。

又如，《特别规定》第 20 条、22 条是有关股东大会通知期限的规定，其中 20 条要求公司在会议召开 45 日前发出书面通知，而《公司法》第 102 条规定的通知期限分别为 20 日（年度股东大会）和 15 日（临时股东大会），如果 H 股公司按照《公司法》的规定修改了章程中的通知期限，将面临因违反《必备条款》而被诉讼或仲裁的风险，公司章程以及相关股东大会所作出的决议可能会被认定无效。

《公司法》和《必备条款》都是有效的法律，在股东大会通知期限、少数股东提案权这些重大问题上，作为国务院规章的《特别规定》应当与《公司法》保持一致，现在的做法有损国家法律的统一性和严肃性。

（2）公司为满足合规要求而承担了不合理的成本，削弱了运营效率。为了同时符合《公司法》和《特别规定》的要求，公司将承担不合理的合规成本，降低了公司的运营效率。

就股东大会的通知时限而言，H 股公司应当采用《特别规定》的 45 天。45 天的通知期限是 A 股公司，以及香港地区和其他成熟市场上市公司通知期限的 2~3 倍，严重影响了 H 股公司的经营决策效率和国际化运营能力，损害了公司及投资者的利益。比如，H 股公司将因需要更长的时间召集股东大会，无法在限定的时间内完成内部决策程序而错失某些重大项目的投资或竞标的机会；考虑到《必备条款》第 38 条规定，股东大会召开前 30 日应当关闭股东名册，需要在两次股东大会之间开放股东名册，供公司股东转让股份，对于一些中小型 H 股公司在证券市场低迷的时候，其商业决策非常容易达到股东批准的标准，其结果是公司一年都在准备召开股东大会。

又如，投资者通常为取得分红而持有 H 股公司（特别是大型蓝筹股）的股份，受制于批准派息方案的股东大会的召开时间，公司的派息时间通常要在下半年，迟于境内、境外其他的上市公司，不利于投资者的利益。

（3）无法充分利用一般性授权等境外证券市场便利的再融资方式。一般性授权是境外市场较为常用的再融资方式，由上市公司的年度股东大会授权董事会根据公司的发展需要，选择适当的时机对外发行股份，总额不超过公司现有股本的 20%；境外企业根据一般性授权，通常可以在公司股票当日交易结束后迅速完成新股发行。《必备条款》第 85 条引入了一般性授权，但由于证监会的核准程序，并未发挥出其应有的特殊作用。

（4）内资股无法上市流通。对于未在境内发行 A 股的企业，其内资股无法在 A 股、H 股市场流通，形成股权分置格局，成为导致大量境内企业选择境外间接上市的主要原因之一。

3. 有关 H 股公司监管制度改革的建议

根据国家发展的需要，以及 H 股公司在经营过程中所遇到的实际问题与困难，建议中国证监会，以及香港地区的监管机构总结过去 20 年的监管经验，加强监管合作，尽快对现行监管制度作出适当的改革：

（1）建议在近期《证券法》修订工作中，统筹研究修订相关条款，直接授权中国证监会制订 H 股公司监管的具体管理办法；同时，启动 H 股监管配套规定的修订工作，以适应监管转型趋势和市场国际化需求，切实改善 H 股公司发展环境。

建议配合《证券法》修订工作，统筹研究修订《证券法》第 239 条等条款，直接授权中国证监会制订境内企业到境外发行证券或将其证券在境外上市交易的具体管理办法，以替代《特别规定》。同时，启动 H 股监管配套规定的修订工作。此举不仅是适应监管转型、中国证券市场国际化的需求，也有助于切实改善 H 股公司发展环境。相应地，我们提出如下几点建议供参考：

第一，如果修订后的《证券法》对境内注册的企业的境内发行实行注册制，则可以考虑在《证券法》中明确对境外直接上市企业，包括 H 股公司实行备案制，或者比境内上市更为宽松的注册制。

第二，《公司法》对股东保障做出了较为详尽的规定，建议《必备条款》的规定仅限于与境外上市相关的强制性规定，删除与《公司法》相重叠的部分，如果上述强制性规定能够被纳入由中国证监会制订的、取代《特别规定》的境内企业境外上市的具体管理办法，则可以考虑全面废止《必备条款》。

第三，鼓励境外上市企业发扬创新精神，在遵守《公司法》以及境外《上市规则》的基础上制订符合自身发展需要的个性化的公司章程。同时，支持自律组织——中国上市公司协会及香港特许秘书公会积极发挥作用，在总结过去 20 年境外上市经验的基础之上，制订境外上市公司章程示范文本。

（2）若此次《证券法》的修订短期内不能解决 H 股公司面临的问题，建议尽快启动研究对《特别规定》和《必备条款》做出部分修订。建议优先解决如下三个重要问题：

第一，对《特别规定》做出部分修订，删去第 20 条、21 条、22 条。第 20 条和 22 条是关于股东大会召集程序的规定，两个条款的规定严重影响了 H 股公司的经营决策效率和国际化运营能力，删除后，H 股公司可以根据《公司法》，以及境外《上市规则》的要求召集股东大会，从而大幅度提升决策效率，平等地参与境内、境外竞争，更好地回报投资者。第 21 条是有关股东提案权的规定，删去后将使得《必备条款》的规定与《公司法》保持一致，维护国家法律的统一性和严肃性，且更有利于投资者保护。

第二，全面修订《必备条款》，只保留若干必需条款。

第三，取消按照一般性授权增发股票的核准。考虑到股票注册发行注册制改革，建议中国证监会率先取消对按照一般性授权发行 H 股股票的核准程序，使得 H 股公司能够享受与国际同行相似的融资便利，并为国内证券的市场化发行积累经验。

（3）建议中国证监会就香港地区的类别股份制度安排等问题与香港证监会、港交所进行协调，商请香港地区相关部门对其相应的规则进行修订。

应保持 H 股公司与其他异地到港交所上市公司适用同一监管标准，改善 H 股公司治理效率、发展活力和国际竞争力。有关内资股、H 股不同类别的制度安排，是港交所《上市规则》下规定，建议中国证监会就这一问题，以及相应的监管合作等，与香港证监会、港交所进行协调。

建议香港证监会、港交所重新评估《公司法》的股东保障标准，以及《上市规则》19A 章的类别股份制度，尽快对《上市规则》做出相应的修订。对中国发行人采用与其他海外发行人同样的标准，不再将内资股、境外上市外资股视为不同性质的股份，可以考虑全面废止《上市规则》第 19A 章，至少应当废止其中与类别股份相关的规定：

对于新的中国发行人，不再要求公司章程反映内资股、境外上市外资股的不同性质及持有人的不同权利。

继续引导发行申请人在两地新的政策出台之前，在章程做出清晰、明确的约定，确保未来内资股经国务院批准后可以自由转换为 H 股，无须类别表决。

鼓励已上市的中国发行人在人民币国际化的进程之中，通过股东大会对章程条款作出相应的修订，为公司股份的全流通创造条件。

第十三章　对中国证监会行政许可实施情况的综合评价报告

开展行政许可实施情况的评价工作，对于推进政府监管转型、改善企业发展环境、服务企业发展诉求、增强企业发展活力具有十分重要的意义。作为中国上市公司协会（以下简称"中上协"）自身积极开展的一项常态性工作，我们组织专门力量，广泛听取上市公司和拟上市公司的切身诉求、意见和建议，具体情况如下：

一、评价工作的总体情况

目前，清理后拟继续保留的行政许可项目和非行政许可审批项目共47项，按照行政管理相对人的不同，可分为六大类，其中涉及证券公司的有14项，基金公司的有6项，期货公司的有9项，证券和股权交易场所的有8项，证券服务业的有3项，上市公司的有7项。中上协将重点放在了针对上市公司（拟上市公司参照）的7项行政许可实施情况进行评价。具体内容是：①上市公司发行股份购买资产核准；②上市公司合并、分立核准；③要约收购义务豁免核准；④公司公开发行股票（A股、B股）核准；⑤上市公司非公开发行新股核准；⑥上市公司发行可转换为股票的公司债券核准；⑦公司债券发行核准。

从2014年4月开始，评价工作历时5个月，总体进展十分顺利。中上协充分发挥企业会员和31家地方协会、5个专委会的优势共同推进评价工作，收回30家地方协会和3个专委会的正式复函，1家地方协会和2个专委会的电话回复。其中，上市公司和拟上市公司的独立评价报告 274 份，地方协会的辖区评价报告 24 份。在区域全覆盖的基础上，兼顾了企业规模、行业区别、地域差异以及所有制不同。

二、评价项目的基本结论

通过对 274 份企业独立评价报告的统计分析（详见表 13-1），中上协对 7 项行政许可项目的总体评估意见为：取消 2 项，调整 4 项，保留 1 项。基本结论如下：

1. 企业对证监会行政许可项目的实施情况总体认可度和满意度较高

大多数公司认为，证监会相关行政许可项目在核准内容上能做到内容明确、材料完整、信息公开，有利于保护投资者权益；在核准程序上审批效率较高、审核专业细致、审批透明度较高；在核准效果上，基本体现了公平、公正、公开。

2. 企业对行政许可项目评价的理解及评价方法存在差异性

反馈的"书面评价报告"在形式、内容和结论判断上也不尽相同。多是由于企业各自的实际情况不同以及个体对资本市场相关法律法规、行政审批过程等方面存在认知差异所致。但是，这并不影响我们从整体上把握企业对行政许可项目实施情况的主要意见及建议。

3. 在持"取消"意见的项目中，"公司债券发行核准"和"要约收购义务豁免核准"的比例最高

分别有 28.6% 和 22.3% 的参评企业认为应该取消。

4. 在持"调整"意见的项目中，"非公开发行新股核准"和"发行股份购买资产核准"、"公开发行股票（A 股、B 股）核准"的比例最高

分别有 37.6%、31.6% 和 28.2% 的参评企业认为需要调整。在具体的评价意见建议中，对"发行可转换为股票的公司债券核准"持"调整"意见的也较多。

5. 在持"保留"意见的项目中，"上市公司合并、分立核准"的比例最高

有 72.7% 的参评企业认为应给予保留。

另外，没有对部分项目发表意见的企业中，对"上市公司合并、分立核准"和"上市公司发行可转换为股票的公司债券核准"的数量最多。在 274 家企业中，分别有 102 家和 100 家没有进行评价，主要是多数企业实际运营中未涉及，无法提出具体意见，见表 13-1。

表 13-1　行政许可项目评价意见分布

行政许可项目名称/评价意见	保留		调整		取消		无意见
上市公司发行股份购买资产核准	107	54.6%	62	31.6%	27	13.8%	78
上市公司合并、分立核准	125	72.7%	29	16.9%	18	10.5%	102
要约收购义务豁免核准	102	55.4%	41	22.3%	41	22.3%	90
公司公开发行股票（A 股、B 股）核准	133	62.4%	60	28.2%	20	9.4%	61
上市公司非公开发行新股核准	85	43.1%	74	37.6%	38	19.3%	77
上市公司发行可转换为股票的公司债券核准	106	60.9%	43	24.7%	25	14.4%	100
公司债券发行核准	84	44.4%	51	27.0%	54	28.6%	85

三、评价意见的依据理由及监管建议

1. 上市公司发行股份购买资产核准

设定依据：《中华人民共和国证券法》第十条："公开发行证券必须依法报经国务院证券监督管理部门批准。"第十三条："上市公司非公开发行新股应当经国务院证券监督管理部门批准。"《国务院对确需保留的行政审批项目设定行政许可的决定》（国务院令第 412 号）附件第 400 项"上市公司发行股份购买资产核准"。

评价意见：调整。

评价意见的依据及理由：上市公司发行股份购买资产，是指用股份作为支付对价的方式来购买资产，实践中已成为上市公司普遍采用的资本运作方式。它主要有以下特点：一是市场化程度高。上市公司发行股份购买资产不同于重大资产重组，是常见的市场化程度非常高的交易，本质上属于上市公司经营管理决策、交易双方协商的范畴，尤其是不涉及关联交易的重组，大股东或者实际控制人和中小股东的利益是一致的。二是交易双方的专业性高，风险控制力强。由于发行股份购买资产基本是属于定向发行，定价是基于第三方独立报告和双方谈判结果，上市公司往往是行业地位较高者，对于收购资产的质量评判和定价合理性，一般有专业判断。例如，有配套融资，投资者也是具有一定实力，具有较强判断力和抗风险能力，本身具有较强的自我保护意识和能力。在一定规模之下，对上市公司的影响也可以控制在一定范围内，因此侵害中小股东的风险可能性较小。三是收购资产的竞争性对时效性要求高。上市公司发行股份购买资产交易的初衷往往在于促进产业整合或转型升级，以提升盈利能力。市场上的优质资产往往也是同行业企业所共同争夺的并购标的。上市公司因为具备发行股份的融资途径，本应在优质资产的整合、并购的支付手段、交易成本、谈判地位等诸多方面具备天然优势，但由于行政许可环节的设置，上市公司在设计资产购买方案时往往会受到较多限制。同时，由于行政许可环节的时间往往较长，当时间跨度大、市场环境发生变化后（比如股价大幅下跌影响交易对方预期、竞争对手提高收购对价抢项目等），很可能影响交易是否达成，影响上市公司的发展。市场上资产的价格、状况在审核期间会存在很多不确定性，相关市场因素的瞬息万变使得交易双方的谈判地位、资产的交易价格、交易对方的交易条件、竞争对手的介入等方面都可能随时发生变动，从而可能会导致交易条件的恶化甚至交易机会的丧失。在发行对象及认购资产已经锁定的情况下，发行风险已相对较小，但较长的审核期内发行人股价的波动可能会对交易带来一定的不确定因素。四是监管部门的多头审批降低了收购效率。例如，涉及国有资产的实际交割事项，在证监会核准后需要报国资委再次审批，如果评估报告的有效期已经过期需要上市公司再次投入时间和资金进行重新评估，可能会导致证监会核准的评估基准日与国资委在实际交易中核准的评估基准日的不一致，导致资产注入时间的延误和收购成本的增加。

监管建议：取消该项行政许可存在一定的信用风险和市场风险。目前市场结构和市场功能仍存在缺陷，市场化、法治化、透明化程度不高，完全取消此项行政审批流程、依赖市场机制的时机尚不成熟，但需要做出一系列调整。一是要转变审核理念。行政许可审核的重点应是申报材料的合规性和信息披露的真实性与完整性，而不是替代交易双方判断所购买资产的价值和盈利前景。应以市场为主导，由投资者来判断新股能否发行上市。二是由证监会制定信息披露的内容和实施程序，由证监会和证券交易所共同进行事后审核。按照国务院《关于进一步优化企业兼并重组市场环境的意见》第三条的规定，取消上市公司重大资产购买、出售、置换行为审批（构成借壳上市的除外）。这已经在证监会 2014 年 7 月出台的《上市公司重大资产重组管理办法》（征求意见稿）中得到修订。取消后，上市公司发行股份购买资产的评估、审计及法律意见书由相关中介机构发表明确意见并承担责任。三是试行分类发行。区别对待不同上市公司，如根据行业性质、规范诚信等，建立类似"负面清单"的核准体制。对鼓励类行业的同业重组或上下游重组、没有公司治理、诚信方面不良记录的公司，实行备案制。也可根据并购资产标的大小分类，购买资产占上市公司总资产 20% 以下的，可由保荐机构发表核查意见后，上市公司自行发行股份，并报交易所备案；购买资产占上市公司总资产 20%~50% 的，由交易所核准后发行；购买资产占上市公司总资产 50% 以上的，由证监会核准后发行。四是加强重组完成后的监督力度。应重点监管发行涉及的承诺履行情况、收购资产效益预测实现情况、盈利预测的实现情况、关联交易非关联化和内幕交易等对市场产生负面影响的行为，加强对内幕交易的监管和处罚力度，强化保荐机构的持续督导责任。五是加强部门合作。涉及国有资产购买问题，建议与国资委商议，先按照递交证监会申报期间的评估报告给上市公司一个有条件的资产交易批准，在双方真实交易之后，再递交国资委一个资产交割审计报告备案，帮助上市公司加快收购资产的进度落实。

2. 上市公司合并、分立核准

设定依据：《中华人民共和国证券法》第十条："公开发行证券必须依法报经国务院证券监督管理部门批准。"第十三条："上市公司非公开发行新股应当经国务院证券监督管理部门批准。"

评价意见：保留，但对核准内容和程序进行调整。

评价意见的依据及理由：上市公司合并是指两个或两个以上的上市公司订立合并协议，不经过清算程序直接结合为一个公司的法律行为。根据我国《公司法》，公司合并可以采取吸收合并或新设合并。上市公司分立通常指对上市公司资产和负债进行分割，将原一家上市公司分立形成两家上市公司并分别独立上市的行为，公司原股东从原来持有一家上市公司的股份变成持有新的两家上市公司的股份。上市公司实施合并、分立是促进生产要素的优化组合，资金合理流动，实现社会资源的优化配置，增强上市公司核心竞争力的重要方式。调查结果显示，72.7%的企业给出了"保留"意见，依据及理由主要有：一是上市公司合并、分立涉及股东的重大利益问题，应当保留并立法细化审核要求。其核心环节均为发行股份（包括上市公司公开或非公开发行新股、上市公司的子公司公开发行存量股份），涉及股东的重大利益问题，应当保留并立法细化审核要求。二是上市公司合并、分立涉及公司形式变更，公司权益发生重要变化。核准有利于提高上市公司并购规范性及保护中小投资者利益。三是上市公司进行合并、分立一般都会涉及重大资产重组，对上市公司影响重大。四是上市公司合并是否构成垄断也需监管部门提前判断。

但此项争议较多，建议取消的企业理由主要有：一是缺乏专门的规范性文件明确核准内容。二是合并和分立未区分对待。上市公司合并是一个高度市场化的业务，属于未上市资产的证券化过程，而上市公司分立到目前为止还是一项高度创新的业务，个案的操作差异性极大，应予以区分对待。三是核准内容及程序存在重复。现阶段，上市公司吸收合并所报送的文件都是参照上市公司发行股份购买资产核准、上市公司重大购买、出售、置换资产核准（上市公司重大资产重组核准）的标准执行。工商行政管理机关也依据《公司法》进行合并、分立核准，证监会核准在很大程度上存在重复。四是实行分类核准。区别对待上市公司合并，不构成实际控制人发生变更的，建议按照《国务院关于进一步优化企业兼并重组市场环境的意见》（国发〔2014〕14号）规定，逐步取消行政许可审批。

监管建议：上市公司合并、分立是影响广大投资者切身利益的重大事项，如果取消该项行政许可，会存在较大的市场风险和信用风险，继续保留该项行政许可十分必要。

3. 要约收购义务豁免核准

设定依据：《中华人民共和国证券法》第九十六条："采取协议收购方式的，收购人收购或者通过协议、其他安排与他人共同收购一个上市公司已发行的股份达到百分之三十时，继续进行收购的，应当向该上市公司所有股东发出收购上市公司全部或者部分股份的要约。但是，经国务院证券监督管理机构免除发出要约的除外。"

评价意见：取消。

评价意见的依据及理由：要约收购义务豁免，属于上市公司股权结构变化信息披露程序。在上市公司收购过程中，如涉及要约收购事项，在符合条件的情况下，可向中国证监会申请要约收购义务豁免。此项在评价意见中"取消"比例排列第二位。理由主要是：一是要约收购双方都是纯市场化的行为。要约收购系收购人按照《上市公司收购管理办法》发出的纯市场化的收购要约，而上市公司股东也完全是站在市场化收益角度决定是否接受要约，双方都是纯市场化的行为。二是按照国务院《关于进一步优化企业兼并重组市场环境的意见》（国发〔2014〕14号）第三条的规定，对上市公司要约收购义务豁免的部分情形，取消审批。由中国证监会指定收购义务豁免的情形，由上市公司和投资者参照收购义务豁免的情形进行自查，达到收购豁免条件的，由相关投资者聘请具有证券从业资格的律师事务所核查后发表明确的法律意见并予以披露，从而达到监督收购行为的目的。事实上，取消要约收购义务豁免核准可以提高并购重组活跃度，减少收购人的时间成本，提高收购效率。从国外及香港地区市场经验来看，要约收购的效率非常高。在我国，对于因实施重大资产重组而导致控制一个上市公司的股份达到该公司已发行股份的30%以上、60%以下，且明确表示不进行要约收购的，可免予进行此项核准。

监管建议：取消该项行政许可风险较低。在实务操作中，符合豁免条件而不予批准的案例很少。建议以备案制取代审批制。全面取消要约收购义务豁免核准，由上市公司股东大会审议和判断，对于该事项可以设置更加切实保障其他股东利益的措施（如要求上市公司其他股东全体的过半数同意方可通过决议）。公司履行向交易所备案和信息披露程序即可，并由交易所负责后续监管，重点关注内幕交易。

4. 公司公开发行股票（A 股、B 股）核准

设定依据：《中华人民共和国公司法》第一百三十五条："公司经国务院证券监督管理机构核准公开发行新股时，必须公告新股招股说明书和账务会计报告并制作认股书。"《中华人民共和国证券法》第十条："公开发行证券，必须符合法律、行政法规规定的条件，并依法报经国务院证券监督管理机构或者国务院授权的部门核准；未经依法核准，任何单位和个人不得公开发行证券。有下列情形之一的，为公开发行：（一）向不特定对象发行证券的；（二）向特定对象发行证券累计超过二百人的；（三）法律、行政法规规定的其他发行行为。"

评价意见：调整。

评价意见的依据及理由：在中共十八届三中全会上，明确提出了"推进股票发行注册制改革"的要求。据此，证监会也发布了《关于进一步推进新股发行体制改革的意见》作为股票发行注册制的过渡政策，并随后颁布了一系列配套的规范性文件。由于目前 B 股发行基本处于停滞状态，大部分参评公司均未涉及 B 股发行的核准。事实上，随着中国资本市场的不断发展，B 股市场已逐渐失去吸引外资的基本功能，处于边缘化地位，建议证监会根据各公司的性质、股权结构等不同特点，采取多种手段逐步解决 B 股的历史遗留问题。以下评价依据和建议主要是针对 A 股首次公开发行核准。

调查结果显示，近 40% 的参评企业对此项提出"调整"或"取消"的意见。其理由主要有：一是准入标准不利于中小企业及有发展潜力的公司。首次公开发行的核准理念、内容及程序经过多年调整已有了较大改善，但仍然处在市场主体归位尽责的发展中。在《证券法》第十三条所规定的公司公开发行新股所应符合的条件中，原先对上市公司连续三年盈利的硬性要求被"具有持续盈利能力，财务状况良好"所取代，然而具体如何认定仍需要证监会对其进行细化规定。在实际操作中，依然由于对持续盈利及净利润的要求使得许多中小企业上市受阻。二是现有审核制在一定程度上流于形式。证监会公开发行股票的核准程序，尽管同时注重审核形式上的完备与企业的实际发展能力，但烦琐的申请文件一定程度上流于形式主义。证监会对企业盈利能力仅可进行短期判断，再加上国内市场的不成熟，市场法治的不健全，造成了一些人造"优质"企业包装上市、证券交易市场过度投机、中小投资者权益频遭侵犯等恶劣现象。发审会前申报企业的材料已经通过预审员、发行监管部预审会层层审核，多次反馈。与此相比，发审会通常只有 2 个小时的时间，委员在如此短的时间里很难深入了解发行人情况并发表意见，只是走个上会的形式，必要性不大。三是递交材料重复且不能适应法律法规的变化。随着市场环境和法律法规的变化，IPO 提交材料的部分内容的适用性值得商榷。例如，"8-5 发行人的历次验资报告"，根据新的《公司注册资本登记管理规定》，验资已不是公司设立或资本变动的必备环节，应该考虑调整。另外，证监会要求中介机构对发行人进行全面深入的尽职调查，并承担相应责任，因此部分次要文件可不必以申请文件形式提交，在中介机构的相关报告中体现相关核查工作和结论即可。四是审核效率和便利性较低。与国外上市的时间相比，国内 A 股 IPO 审核耗时太长，暂停审核的情况时有发生，预披露的时间过长，发行人应对不良媒体的成本增加；核准文件有效期为 6 个月，企业实际发行时间又受到证监会的调控；提交的材料过多。特别是发行暂停的情况一旦发生，企业需要在每个时间节点进行审计并补报材料，无形中造成企业负担重、压力大。另外，历次申报与补充材料要求上报纸质版和电子版，缺少便利性，尤其是发行人上发审会时，需要给每个发审委员印制一套申报材料，包括招股书、工作底稿等，材料准备、印制、送达的工作量很大，短短 2 个小时会后多余的材料企业自己当废品处理，造成不必要的负担和资源的浪费。

国际经验：根据《1933 年美国证券法》，美国证监会（以下简称为"SEC"）无权决定某证券是否可以发行，它只有权要求发行人充分公开其所有重要事实。该法的核心规定原则上未经向 SEC 注册，任何证券均不得向公众发行或销售。涉及证券的发行企业必须向 SEC 递交一份注册说明书，并在其中披露有关该企业及证券的若干规定信息。其后，SEC 按照一定的内部标准（如该类证券及企业是否存在较高风险）决定是否审查该注册，以及是全面审查还是有限审查。SEC 按照设定的标准实施严格审查，通常会提出数轮几十个问题及修改意见，而注册企业也必须认真对待，对其作出完整准确的回复并相应修改注册说明书。IPO 注册审查的整个过程，从企业递交注册说明书初稿到 SEC 基本满意信息披露情况，大致需要两三个月时间。SEC 的这种审查与我国的类似审查不同，其审查完全以信息披露情况为标准，而不决定注册企业及证券的性质。只要 SEC 认定注册说明书按要求披露了所有重大信息且无重大错误及遗漏，无论该证券的实际投资价值如何，SEC 都必须宣布该注册说明书有效。其理论基础是政府监管机构只负责要求完整准确的信息披露，而在此基础上的实质投资价值判断则完全留给市场来做出。

日本对企业 IPO 的审核由金融厅和交易所共同负责。金融厅负责股票发行注册（公开发行股票的信息披露），各证券交易所负责审查公开发行股票的公司是否符合本交易所规定的上市条件。从股票发行上市的过程分析，一家日本公司从准备到上市一般需要两年时间。企业提出 IPO 申请后，首先由证券交易所负责审核 4 个月左右，然后再向金融厅报送有价证券报告书等法定信息披露材料，金融厅一般需要 1 个月作出同意与否的决定。证券交易所对企业的审核不仅限于形式审查，而且要作出实质性判断。最具有日本特色的是，证券交易所根据申报材料还要对企业实施现场检查，由此使证券交易所的审核工作向前后两个方向延伸，前端代替投资银行对企业辅导的部分工作，后端代替行政监管机构的实质性判断。

监管建议：取消该项行政许可会带来一定的市场风险、信用风险和道德风险。但调整现有 IPO 的审批方式，使其适应资本市场发展需要是市场化改革的重要方向。一是降低准入标准，向注册制方向改革。借鉴发达国家资本市场的做法，将企业价值判断交给市场。放宽首次公开发行条件中对盈利能力、历史沿革等事项的要求，或针对特殊行业制定特殊政策，以利于更多优质、有发展潜力的公司登陆境内股票市场，减少如阿里巴巴、京东等一系列优质企业只能在境外上市的局面。公司亏损及投资者利益受损的风险控制由加强信息披露和退市制度来完成。二是减少前置审批，优化发行审核流程。清理发行审核中的备案、登记、验收等不必要的环节或前置程序，提高审批效率。增强发行审核透明度，梳理现有的信息披露要求和审核标准并及时向社会公布，公开审核流程及审核意见，发审会过程向公众公开。三是加强事中事后监管，完善退市机制。严格执行证券法律，使市场主体对其违法成本有深刻的认识，防止滥用市场规则的行为出现。尽快形成放而不乱、活而有序的新手段、新规则和新机制。

5. 上市公司非公开发行新股核准

设定依据:《中华人民共和国证券法》第十三条:"公司公开发行新股，应当符合下列条件:……上市公司非公开发行新股，应当符合经国务院批准的国务院证券监督管理机构规定的条件，并报国务院证券监督管理机构核准。"

评价意见:调整。

评价意见的依据及理由:非公开发行股票是指上市公司采用非公开方式向特定对象发行股票的行为。非公开发行因融资时间短、效率高、流程简便等优势受到上市公司和机构投资者的欢迎。非公开发行作为我国资本市场的一种股权再融资方式，正逐渐发展成为我国上市公司再融资的主要方式。调查结果显示，有57%的企业对该项行政许可提出调整或取消的意见。其理由主要有:一是现行审核体系不符合市场化环境。上市公司非公开发行实质上是为上市公司结合自身业务发展、资金需求和股票二级市场情况而实施的企业自主行为。现有的核准规定不利于非公开发行新股发挥最重要的"简单快捷"特点。由于非公开发行是向不超过10家投资者发行股份，且发行价格有明确的规定，发行后锁定期为12个月或36个月，影响范围小，不涉及公众利益，且这些投资者为成熟的市场投资者，具备相应的专业判断能力和风险承受能力。根据《中华人民共和国行政许可法》第十三条，凡市场机制能够有效调节的，公民、法人及其他组织能够自主决定的，行业组织能够自律管理的，政府无须设定行政审批；凡可以采用事后监管和间接管理方式的，可减少前置审批程序。也就是说，如果证券发行完全符合非公开发行融资的条件，那么非公开发行新股就应免于或尽量简化监管机构的事前审核程序。上市公司非公开发行股票主要关注公司的规范运作和信息披露，而这些在交易所和证监局的日常监管中和公司的日常信息披露中已经十分到位，反复的审核既增加了监管部门的重复劳动，又提高了上市公司的融资成本。二是复杂的调价程序无法适应市场变化。由于目前上市公司非公开发行新股还没有完全掌握定价权，基准价格受到市场价格影响。然而，一旦价格确定，如果证券市场受到宏观经济等影响致使价格下跌较多，非公开发行时就有可能面临着股价倒挂等风险的影响。由于目前证监会规定的调价程序较为复杂，等到调价成功往往需要很长一段时间，因而影响发行人的正常计划。

监管建议：如果取消该项行政许可事项存在一定的市场风险和道德风险。在海外成熟市场，公开增发一直居于股权再融资的主导地位。只有当处于通信、医药等高科技行业有再融资需求，但普通投资者因信息不对称和研究能力有限而认购意愿不强烈时，定向增发融资才会成为上市公司的选择。海外上市公司对于定向增发的谨慎采用，主要源于定向增发需要给予认购者一定程度的股价折让，将摊薄现有股东的权益，并使得认购者能够以较低的成本参与上市公司利润的分配，产生不公平的财富转移。为规避上述风险，建议从以下几个方面改进监管。一是推行分类审核，对部分非公开发行项目设置简易程序。根据上市公司的经营规模、历史信息披露评价考核排名，采取并购重组的分类监管方式将有助于提高企业再融资效率。向非控股股东、实际控制人发行且不发生控制权变更的可考虑调整或取消行政许可；向无诚信不良记录的上市公司非公开发行不超过一定的规模，实行备案制。对于董事会前确定发行对象的非公开发行新股和发行规模较小的非公开发行，在程序合法和信息披露的基础上取消行政许可。强调股东自治原则，由上市公司和控股股东自主实施，并在监管部门进行备案。二是建议简化程序，提高上市公司再融资效率。缩短审批时间，提高发行效率，降低非公开发行失败的风险。可以发挥证券交易所更贴近市场与上市公司，对上市公司发行历程和业务特点更了解的优势，将非公开发行新股审核权部分下放至交易所，以提高发行审核效率，增加业务的灵活性。三是加强事中事后监管。加强上市公司及保荐机构等中介机构的监管力度，增加违法成本，加快投资者保护机制的建立。加强对定价基准日前后是否存在内幕交易、是否存在操纵股价和损害中小股东行为的审核。四是积极探索新的非公开发行方式。目前市场上出现了管理层以资产管理计划或合伙企业等形式认购定向增发的若干预案，但尚未获批。在方案设计能够避免内幕信息交易和利益输送问题的前提下，这种方式是试行混合所有制改革、实现员工持股的一种探索，建议监管机构对此类尝试能够有相对明确的意见，以进一步丰富非公开发行股票品种的用途，助力国企改革。

6. 上市公司发行可转换为股票的公司债券核准

设定依据：《中华人民共和国证券法》第十六条："……上市公司发行可转换为股票的公司债券，除应当符合第一款规定的条件外，还应当符合本法关于公开发行股票的条件，并报国务院证券监督管理机构核准。"

评价意见：调整。

评价意见的依据及理由：可转债作为发行门槛较高的一种债务融资手段，对发行公司本身的资质要求较高。作为混合型融资工具，兼具债性和股性，与其他股权融资相比，可转债对投资者的保护最强。在目前股市比较低迷的环境下，对于经济转型升级过程中短期盈利能力不佳但长期向好的上市公司，可转债是相对较优的再融资方式。作为再融资的方式之一，上市公司发行可转债与公开发行股票（A 股、B 股）核准中的再融资核准部分存在相似之处。调整的理由主要有：一是市场化程度不够。债券的本质是发行人的偿债能力，证监会的核准不会增强发行人的偿债能力。在我国可转换债券市场发展的初期，出于市场保护和风险防范的考虑，对可转换债券融资企业的资格进行严格审核是可以理解的。但随着可转换债券市场的发展和规模的扩大建议逐渐放开，监管机构可以对拟发行可转债公司的资质逐步放开审批要求，由市场引导可转债的定价发行环节。二是审批效率过低。审批程序复杂冗长，且无法预计具体时间，对上市公司的战略发展规划、资金计划等影响较大。三是准入标准过高。现规定对可转债的发行占用其他债务融资的规模和额度都有限制。要求加权平均净资产不低于 6%，债券余额不超过净资产 40%。此外，对担保方式、担保人的限制性条件也都较高。这些都导致上市公司对可转债的参与程度比较低。四是募集资金用途限制过多。现规定可转债与公开增发一样，募集资金用途必须为具体项目，不能补充公司流动资金，限制较为严格，这样一方面增加了项目准备的周期、降低了时间效率，另一方面也降低了募集资金使用的灵活性。

国际经验：美国可转债市场发展已有百年历史，是全球最大的可转债市场，总体发行规模大，但发行家数少，平均每家的发行数量大。其主要特点有三：一是美国公开发行可转换债券并通过证券交易所进行交易的，一般需对可转换债券进行信用评级。美国可转债信用评级是综合考虑发行人经营业绩、盈利能力、偿债能力以及信用等情况对发行人可转债的风险程度进行较为规范、全面、系统的评定结果，极具权威性。我国目前没有实施可转债信用评级制度，只是对发行可转债的企业由监管部门根据《可转换公司债券管理暂行办法》对其进行审核。二是美国可转换公司债券视为无抵押公司债券，不需要附加担保条件。投资风险完全由投资人承担。只有个别情况存在担保或有抵押品条件。三是美国市场上发行可转债主体比较丰富，上市公司和非上市公司都可以发行。公募发行可转债相对比较严格，而私募发行的条件则比较宽松。

监管建议：取消该项行政许可会带来一定的市场风险和信用风险。上市公司发行可转债属公开发行，类似于发行新股，方案设计和转股条款较为复杂，技术难度较高，投资者理解较困难，对市场影响力较大。为规避以上风险，建议从以下方面改进监管：一是建立可转债的信息披露制度。在美国市场上发行可转债有一套完整的信息披露制度。借鉴这一经验，我国上市公司发行可转债除要求详细披露有关每股收益信息外，还应充分披露有关可转债的其他信息，并以表外附注的形式加以说明。这些信息应当包括：可转债的发行时间、发行金额、转换溢价率、到期时间、已转换股数、回售条件、赎回条件、诱导转换的额外支付条件以及对净收益和每股净资产等的影响。另外，也有必要加强对非上市企业的监管，要求其披露一些重要的财务指标，以便提高投资者的积极性。对于非上市公司在发行可转债后到将其改制上市之前应披露资本金利润率等财务指标，以便投资者根据自己的需要作出他们的选择和预测，并且也可随时对发行公司进行监督，对投资者的利益起到保护作用。二是放宽可转换债券发行条件，丰富可转换债券的发行主体。《可转换公司债券管理暂行办法》（以下简称《暂行办法》）第二条规定："本办法适用于中华人民共和国境内符合本办法规定的上市公司和重点国有企业在境内发行的人民币认购的可转换公司债券。"《暂行办法》和此后三个配套文件的出台，规定原则上只有上市公司才可以发行可转债。这基本上堵住了非上市的其他所有制企业发行人民币可转换公司债券的渠道，然而我国有许多即将上市的非国有控股企业公司治理结构较好，发展潜力巨大，都被拒之门外。监管部门应适当放宽可转换债券的融资条件，非上市公司只要有较好的担保条件，也应积极鼓励。三是考虑建立可转债的信用评级机制。根据《暂行办法》等文件确定该企业可否发行可转债。在美国，即使是信用等级较差的企业也可发行可转债，而是否购买该可转债的选择权在于投资者，他们可根据充分的信息披露进行投资判断。四是建议丰富担保模式。我国对可转换公司债券发行有担保要求，《暂行办法》规定，有具有代为清偿债务能力的保证人的担保"是发行可转换公司债券的基本条件"。目前发行可转债采取的是全额担保的方式，无形中增加了企业的融资成本。五是调整转股价修正程序。目前上市公司发行可转债的核心基本都在于回售条件，连续30个交易日低于当期转股价的最低百分比后，立即触及回售条款，对上市公司而言，为了避免最可怕的巨量回售，能做的最有效的手段只有修正转股价。但是市场风险不可控，股价如果呈现断崖式下跌，即使修正了转股价，可能对上市公司来说也会出现很大的麻烦，资金链的失控有可能直接导致上市公司的经营风险。建议考虑在未触及回售条款的情况下，允许上市公司经报告审批后调整转股价。但是这样的调整可能对投资者来说又存在一定的风险，后续需要监管机构审查调整转股价修正的原因，如果市场未出现上市公司所述原因，那么应该监管其将转股价修正回来。

7. 公司债券发行核准

设定依据:《中华人民共和国证券法》第十条:"公开发行证券,必须符合法律、行政法规规定的条件,并依法报经国务院证券监督管理机构或者国务院授权的部门核准;未经依法核准,任何单位和个人不得公开发行证券。"

评价意见:取消。

评价意见的依据及理由:公司债券是近年来上市公司常见的融资方式,以其简单、便捷、灵活而受到上市公司和机构投资者的欢迎。此项在公司评价意见中"取消"比例排列第一位,高达30%。其理由主要有:一是公司债的市场化程度具备实行备案制条件。公司具有大量发行债券的内在动力,债券发行需要监管层对公司的财务状况、债券设计进行监督以避免滥发债券的情况发生。但随着上市公司的公司债券逐步成为公司融资的主要方式之一,应重点强调发行后的偿债能力。证监会的核准并不能防止或管控债券的质量和风险,更不会增强发行人的偿债能力。发行人的合法合规性、历史经营业绩相关情况固然重要,若对当次债券的发行无实质性影响,则无须过度关注。二是发行条件的限制阻碍了公司债券规模的扩大。《公司债券发行试点办法》中对首期发行规模的限制,要求首期发行数量应当不少于总发行数量的50%。此外,对发债需满足净资产、累计债券余额以及最近三年可分配利润等条件的限制,都从硬指标上限制了上市公司发行债券的规模、融资效率和发行公司债券的积极性。三是可考虑借鉴银行间债券市场备案制。目前,银行间债券市场非金融企业债务融资工具已经成为一个比较成熟的体系,建议公司债也实行备案制,以便未来的互联互通。四是市场约束机制的作用可有效防范风险。公司债券的发行需经具有从事证券、期货相关业务资格的会计师事务所审计,由律师事务所出具法律意见,需取得证监会证券评级业务许可的资信评级机构评级,确保了公司对债券的偿债能力,已经能有效地防范风险。五是非公开发行公司债可考虑实行备案制。《证券法》第十条规定了公开发行公司债券需要取得中国证监会的核准,但对非公开发行公司债券未做规定。考虑到非公开发行公司债券在本质上跟贷款更为接近，建议将公司债券的非公开发行作为备案处理。

国际经验：日本政府在意识到原有的债券市场存在诸多问题后，逐步放松了对公司债的管制。首先放松了对担保的要求，并先后废止公司债券托管制度以及限定公司债券发行企业范围的发债标准，使任何企业都能发行公司债券。我国公司债长期以来不仅远远落后于国债的发展，更落后于股票市场的发展，需要采取相应措施推进公司债市场的发展。

监管建议：取消该项行政许可可能会存在一些市场风险和信用风险。比如，上市公司在资本市场上直接或间接的投资者较多，一旦发生不能按期偿还的情况或是预期不能偿还的情况，会产生影响较大、受众面广的情况，这可能在一定程度上搅乱资本市场的秩序，降低资本市场的资信，对其他上市公司以债权方式募集资金造成影响，无形中可能会加大资本市场的融资成本。但根据我国资本市场和公司债市场发展的成熟程度，可以考虑采取相关后续监管措施，取代该项行政许可项目。一是由审核制改为备案制。上市公司自行决定公司债券发行，并报交易所备案，同时由保荐机构就公司债券发行事宜发表独立意见。强化市场约束，采取严格的投资者适当性管理制度。二是适当调整债券发行规定。考虑对公司债券存续期限进行调整，如不再局限于必须达到 1 年以上；适当调整公司债券的发行条件，如取消债券余额不超过净资产的 40% 等的规定。增加老股东配售条款。三是调整公司债券的发行程序。例如，对 6 个月内首期发行及 24 个月内发行完毕等的时间限制要求进行延长等。四是加强信息披露和配套处罚措施。无审批并非无监管，后续应突出以信息披露为核心的监管举措，重点披露公司的偿债能力。由于欺诈发行对债券投资者危害巨大，应强化配套的处罚措施，行政监管、民事诉讼、追究刑事责任并举。

综上，7 项行政审批事项的评价意见、评价依据及后续监管建议虽各有侧重，但也存在许多共性之处。概括而言，从行政许可核准内容来看，现行的行政审批制度已不符合市场化发展趋势。冗长的审批进程不利于企业快速应对市场变化和战略调整，阻碍了企业的长远发展；过高的准入标准或核准条件不适应当年资本市场环境，限制了公司通过市场融资手段获得进一步发展的动力；

审批内容的明确性及信息公开的充分性也存在缺陷，缺少体系性的法律法规规范行政审批流程和明确的判断标准；部分行政许可事项内容交叉，造成核准内容及程序的实质性重复。从行政许可核准程序来看，企业对于提高行政许可审批效率及便利性的呼声非常强烈，需求非常迫切。虽然行政许可的程序问题并非评价的侧重点。但让人印象深刻的是，几乎在涉及的全部 7 项行政许可项目中，都有企业对改进行政许可审批的效率、便利性方面提出了意见建议。目前，多数项目的审批时长在 4~6 个月，可能会影响到公司推进该项目的最佳窗口期，批文的有效期过短往往会造成批文无效，资源浪费；多项行政许可项目一般都要经历受理、见面会、反馈意见、初审会、发审会等多个环节，影响审批进度及效率，可适当合并或减少其中一两个环节；提交申报材料以书面材料为主，并且往往需要一次制作多套，成本高且不环保，建议只需提交 1~2 套书面材料作为最终证明文件，其他环节提供材料电子版或扫描件即可。从行政审批制度改革方向来看，行政审批项目不是简单地保留或取消，更多的是要根据市场的变化和发展及时调整优化。凡是通过市场竞争约束、公司自治、行业自律管理或事后监督管理能够有效解决问题的，都应逐步取消行政许可。确需审批、核准和备案的事项，条件成熟的，可通过完善电子化审核系统简化程序、提高效率。公平对待不同所有制企业。

四、实现监管转型、精简行政许可审核项目的几点建议

为贯彻落实十八届三中全会决定和国务院的通知要求，证监会深入推进监管转型，切实将监管重心从事前审核向事中、事后监管转移，其中一项重要举措就是加大了行政审批制度的改革力度。针对监管转型环境下如何精简行政许可审核，有以下几点建议：

1. 立法上要有明确导向

目前，市场上还存在创新活力不足等问题，一些大机构虽然表面上只涉及 47 项行政许可，但事实上，非行政许可的审批和备案事项就有 427 项，加上其他一些行政事项共有 800 多项。因此，实现监管转型，要从行政审批和备案事

项的清理入手。

跳出现行法律法规看行政许可，立法上可考虑明确三个导向：

一是市场能够形成有效博弈的事项或交易行为，监管部门就不应再为保护任何一方利益而设立任何行政许可，只需要制定相关的博弈规则。监管部门应重点审核申报材料的合规性；信息披露的真实性、完整性，而不是替代交易双方判断所购买资产的价值和盈利前景。

二是凡属于公司自治范畴的、有法定程序约束的事项或交易行为，监管部门就不应再设立任何行政许可（公司自治虽有但公众参与不足的除外，如公开发行股票）。融资必要性、投资价值等不应由监管部门进行判断。监管部门主要负责形式性、程序性和真实性的核准。

三是对市场秩序和公众影响小的事项或交易行为（如小额融资、有担保的公司债券发行等），监管部门也应实行适度豁免。

2. 转型后要有替代措施

实现监管转型，在严格控制新设基础上取消部分现有的行政许可，既要防止变相继续实施行政许可，也要防止出现管理真空。凡属于法律、法规废止而被取消或调整管理方式的审批事项，不允许部门再行审批，坚决杜绝变相审批行为；凡属于新的法律、法规明文禁止而被取消的审批事项，监管部门应做好事后监督工作，加强日常执法检查，加大对违法行为的查处力度，防止出现管理上的脱节和漏洞。为防范可能出现的风险，必须要考虑相关风险能否通过事中事后监管、行业组织或中介机构自律管理等替代手段化解。

跳出现有监管行为看行政许可，转型后可考虑四项替代措施：

一是建立健全诚信评价体系。对信用评级较高的公司优先实行备案制。市场主体应按诚信状况确立经营负面清单，把诚信记录不好的企业拒之门外。建立诚信追踪制度，并由协会等自律组织负责日常的诚信追踪。以通过弱化行政约束，强化资本约束、市场约束和诚信约束，进一步激发市场的潜力和活力。

二是确保信息充分披露。市场的规范如果仅靠监管资源的投入或者监管人员自身的努力已经越来越不适应发展的需要，而透明度建设是市场自我约束的基础，也是社会力量参与监督的前提。

三是形成适当性准入和持续性教育机制。通过持续性教育（如规定相关培训时长）达到警示教育目的。

四是加强监管环境的可持续评价。不断理清政府与企业、政府与市场的边界，推进对发展环境、监管环境、审批环境的评价工作常态化，促使企业的整体发展环境不断得以改善。

总之，证监会的行政许可是维护资本市场健康发展的必要举措，但同时也要坚持市场优先、企业自治、行业自律和社会监督的原则，尊重市场自身的运行规律，尊重市场参与者的主体地位。凡是市场机制能够自我调节、市场主体能够自主决策、社会组织能够自律管理的事项，应根据项目的复杂程度以及风险程度，简化行政许可程序，提高市场效率，为企业持续发展和转型升级创造良好的发展环境。

第十四章　优先股试点政策对上市公司发展的影响

为贯彻落实中共十八大、十八届三中全会精神，深化金融体制改革，支持实体经济发展，国务院于 2013 年 11 月 30 日印发《国务院关于开展优先股试点的指导意见》（国发〔2013〕46 号），中国证监会于 2014 年 3 月 21 日发布《优先股试点管理办法》（证监会令 97 号），并于此后发布了优先股信息披露的配套文件和《上市公司章程指引》等 9 个规范性文件的修订。上述办法及配套规则对于上市公司发行优先股的各项条款以及信息披露要求进行了明确规范，符合条件的上市公司启动优先股发行工作的制度性基础已经完备。截至 2014 年 8 月，已有 9 家上市公司先后公布了优先股发行方案，其中广汇能源非公开发行优先股的申请已获证监会受理，中国银行、农业银行和浦发银行发行优先股方案已获得银监会核准。

优先股是相对普通股而言，在公司盈余及剩余财产分配方面享有优先权的股份。在国外，发行优先股主要是为了承担融资、企业并购、危机救助等功能，发展规模并不大。在我国，20 世纪 80 年代股份制改革中曾引入优先股机制，比较有代表性的公司有深发展、万科、金杯汽车、天目药业等，之后受多种因素影响逐渐淡出。如今，优先股试点政策的推出具有重要的现实意义，最大的受益方非上市公司莫属，这将有利于降低资本成本、规避融资财务风险，同时不会稀释公司控制权，对公司治理、并购重组等方面均具有有利的影响。

一、境外市场优先股的发行情况

优先股源于 17 世纪或更早的欧洲，17 世纪后在英国、荷兰等创新市场得到应用，19 世纪 30 年代传入美国，最近 20 年在新兴市场国家得到广泛推广。

总体来说，优先股在美国发展水平较高。2001 年以来，其发行规模达到全球优先股发行规模的 80%；2012 年美国 IPO 融资规模为 471 亿美元，居全球第一，同期的优先股发行规模（为 480 亿美元）与 IPO 规模相当。其发展大致经历了三个阶段：一是 1930 年伴随铁路建筑的发展优先股应运而生，初期的优先股通常都是固定股息、可累积、有表决权的、可自由转换的，公司只是把优先股当作应对融资危机的一种过渡手段；二是 1990 年伴随第五次并购浪潮，以优先股为代表的综合证券在并购支付手段中越来越成为主流，优先股的股债兼有的特性以及丰富的个性化条款设置为交易双方提供了较为广阔的谈判空间，有效推动了并购交易市场的发展；三是 2008 年国际金融危机爆发后，优先股已成为一种重要的融资手段，成为实施金融救援计划的主要金融工具。美国政府注资金融机构、巴菲特入股美国银行和高盛等公司均采用了优先股的形式，既保证了战略投资者的稳定收益，又提振了市场信心，稳定了金融市场。

优先股之所以能够得到快速发展，究其根源，主要动力源于三个方面：一是金融创新。从单一的优先股发展出可累积、可转换、可参与、低投票权或无投票权股票等衍生品种，满足了不同发行人的多样化需求。目前，美国金融类企业发行优先股占到 85% 以上，韩国则主要以科技类和消费品类企业为主。二是《新巴塞尔资本协议》等监管政策的加强。根据《新巴塞尔资本协议》，很多国家均允许金融机构发行优先股作为一级资本融资来源，从而推动了商业银行等机构对其的利用。三是中长期稳健型机构投资者的青睐。以美国为例，投资咨询机构、保险公司持有优先股的规模达到 95% 以上。2000 年后优先股的分红率大多在 6%~9%，平均在 7% 左右，远高于同期普通股的分红率以及债券收益率。

总体上，境外市场的优先股规模仍相对较小。如果与美国股市规模相比，美国优先股占其股市总市值不到 2%，若没有 2008 年金融危机时美国政府动用 1250 亿美元购入花旗银行等主要银行的优先股来救市，优先股的规模还会更小。

二、优先股试点政策对上市公司的直接影响

按照规定，优先股的试点主体可分为两类：一是公开发行主体，包括普通股为上证 50 指数成份股的上市公司、发行支付目的为并购或回购股票的上市公司；二是非公开发行主体，包括上市公司和非上市公众公司。目前，已公布优先股发行方案的广汇能源、浦发银行、农业银行、中国银行、康美药业、中国建筑、兴业银行、平安银行和工商银行均为上市公司。综合来看，9 家公司股价表现各异：第一家抛出优先股方案的广汇能源自 2014 年 4 月 25 日公布方案后股价下跌 5.10%，康美药业自 2014 年 5 月 17 日公布方案后股价下跌 2.37%，浦发银行在 2014 年 4 月 30 日公布方案后股价下跌 2.96%，而中国银行却在 2014 年 5 月 14 日公布方案后股价上涨 1.89%，农业银行也在 2014 年 5 月 9 日公布方案后股价上涨 5.02%，中国建筑在 2014 年 5 月 27 日披露非公开发行优先股预案，当日股票无涨跌，兴业银行披露预案后开盘股价跌 0.31%，平安银行和工商银行披露预案后股价均以红盘报收。那么作为优先股的先行者，它们的方案又有何异同？通过比较 9 家上市公司发行方案（见表 14-1）等相关信息，可以发现试点政策对这些上市公司的直接影响主要有以下四方面：

表 14-1　优先股发行对银行资本监管指标的影响

单位：%

	浦发银行		农业银行		中国银行		兴业银行		平安银行		工商银行	
	发行前	发行后	发行前	发行后	发行前	发行后	发行前	发行后	发行前	发行后	发行前	发行后
核心一级资本充足率	8.58	8.58	9.25	9.20	9.69	9.69	8.68	8.68	8.70	8.70	10.57	10.55
一级资本充足率	8.58	9.82	9.25	10.08	9.70	10.34	8.68	9.98	8.70	10.35	10.57	10.93
资本充足率	10.97	12.22	11.86	12.69	12.46	13.09	10.83	12.13	10.79	12.44	13.12	13.47

1. 优化公司财务结构

一是公司的资本实力及盈利能力将有所提升。优先股发行募集资金将按照相关规定用于补充公司资本或流动资金，公司的资本实力和净资产规模将会有所上升。即使短期内募集资金的效用不能完全得到发挥，净资产收益率可能会受到一定影响，但从中长期看，公司优先股募集资金带来的资本金规模的增长将会带动公司业务规模的扩张，并进而提升公司的盈利能力和净利润水平。

二是公司普通股股东的每股收益将会增加。一般情况下，优先股发行不会影响上市公司普通股的股本总数，虽然优先股股息的存在可能导致普通股股东的回报下降，但中长期来看，优先股的发行能够为公司持续盈利水平的提高提供有力保障，优先股募集资金所产生的盈利增长预计可超过支付的优先股股息，未来公司归属于普通股股东的每股收益因优先股发行而有所下降的可能性极低，相反会更好地回报上市公司股东。

2. 提高银行资本充足率

按照 2013 年施行的《资本管理办法》规定，商业银行需要在 2018 年底前达到规定的资本充足率监管要求，对于最低资本要求，核心一级资本充足率为 5%，一级资本充足率为 6%，资本充足率为 8%。因此，此次优先股试点政策出台后将会在银行等资本密集型企业率先开展是业内的普遍预期。由于优先股通常是永久存续的，使得优先股在评级机构获得了比直接债务更好的股权信用，一般被界定为一级资本。这有助于发行人在满足规定的资本充足率要求的同时不对普通股股东的表决权造成稀释。金融机构通过发行优先股能够获得一级股权资本，有效解决银行核心资本不足问题，达到资本充足率的监管要求，同时也可以显著缓解再融资对银行股估值的负面影响。此次公布发行方案的 4 家银行明确募集资金将全部用于充实其他一级资本。如果此次发行给予批准，按照优先股发行规模的预案（不考虑扣除发行费用的影响，以 2013 年底数据为基础），将会对银行资本监管指标有明显影响（见表 14–2）。

3. 建立多元融资渠道

优先股兼具股性和债性，在利润分红及剩余财产分配的权利方面优先于普

表14-2 9家上市公司的优先股发行情况比较

	发行方式	发行数量（每股100元）	存续期限	是否固定票面股息率	是否补发之前未能按期发放股息	能否转换为普通股	能否被赎回	是否与普通股参与剩余利润分配	是否有表决权	募集资金用途	转让安排
广汇能源	非公开、分次	不超过5000万股	永续	浮动股息率	非累积	不可转股	不可赎回	非参与	无（特定情况下表决权可恢复）	红淖铁路项目和补充流动资金	
浦发银行	非公开、分次	不超过3亿股	永续	分阶段调整	非累积	可强制性转股	有条件赎回	非参与	无（特定情况下表决权可恢复）	全部用于补充其他一级资本，提高资本充足率	
农业银行	非公开、分次	不超过8亿股	永续	分阶段调整	非累积	可强制性转股	有条件赎回	非参与	无（特定情况下表决权可恢复）		
中国银行	非公开、分次	境内不超过6亿股，境外不超过4亿股	永续	固定	非累积	可强制性转股	有条件赎回	非参与	无（特定情况下表决权可恢复）		
康美药业	非公开、单次	不超过6000万股	永续	固定	非累积	不可转股	有条件赎回	非参与	无（特定情况下表决权可恢复）	偿还短期融资券、银行借款和补充生产经营所需的营运资金	
中国建筑	非公开、分次	不超过3亿股	永续	固定	累积	不可转股	有条件赎回	非参与	无（特定情况下表决权可恢复）	用于基础设施及其他投资项目，补充境内外重大工程承包项目营运资金和补充一般流动资金	
兴业银行	非公开、分次	不超过3亿股	永续	分阶段调整	非累积	可强制性转股	有条件赎回	非参与	无（特定情况下表决权可恢复）	用于补充公司一级资本，提高资本充足率	
平安银行	非公开、分次	不超过2亿股	永续	分阶段调整	非累积	可强制性转股	有条件赎回	非参与	无（特定情况下表决权可恢复）	用于补充公司一级资本，提高资本充足率	
工商银行	非公开、分次	不超过4.5亿股	永续	分阶段调整	非累积	可强制性转股	有条件赎回	非参与	无（特定情况下表决权可恢复）	用于补充公司一级资本，提高资本充足率	在交易所所指定的交易平台转让

通股，从而新增了一种可供选择的重要融资渠道。考虑到优先股发行能够在实现股权融资的同时又不稀释控股权，因此，当股票市场处于下跌行情或者发行人遭遇财务困难时，发行普通股失败的概率较高，而优先股由于可以享受较稳定的股息，能够在特定融资环境下提高融资成功概率。目前，已公布优先股发行预案的 7 家公司，股息率确定原则各有不同。其中，中国银行、康美药业采取非累积、固定股息率的股息支付方式，浦发、农行和兴业银行均采取非累积、分阶段调整股息率的股息支付方式，广汇能源采取的是非累积、浮动股息率的股息支付方式。只有中国建筑采取的是累积、分阶段调整的股息支付方式，这种派息方式被市场最为看好。

综合来看，由于符合优先股试行标准的部分央企财务状况面临不小压力，资产负债率较高，对资金需求十分迫切，因此优先股发行有利于缓解央企的财务压力，也可以释放发债融资的压力。所以，优先股政策的出台将会在提供新的融资产品的同时改善融资结构。

4. 提供风险缓释工具

在一定程度上，发行优先股可以视为监管机构的一项风险缓释工具。当企业债务杠杆率过高，但是又面临较大的融资缺口时，通过发行优先股可以改善其资产负债率、降低企业的流动性风险和债务冲击。

已公布优先股方案的广汇能源，说明资金紧张型企业有着发行优先股的需求。如果投资者判断公司发行优先股后能够度过融资"瓶颈"和经营"瓶颈"，则可将其作为一段时间内提振公司业绩的利好来看待。

已公布优先股方案的康美药业，说明是处于业务快速扩张期的企业，无论是在建的固定资产投资项目，还是未来重点推进的医疗服务板块业务，均需要长期稳定的资金进行支持，而短期负债融资的期限性不利于公司在实施中医药全产业链一体化经营战略规划时获得长期稳定的资金支持。虽然公司预期优先股发行时的股息率会略高于短期融资券和银行借款的利率，但发行优先股将有利于公司减少外部负债规模，获得优先股股东长期稳定的资金支持。

三、企业发行优先股的综合考量

中国经济要想从过去依靠人口红利、外需红利向依靠新制度红利、市场红利转变，通过改革激发企业发展活力至关重要。其中，积极稳妥地推进优先股试点，与整套改革环环相扣，是全面深化改革"组合拳"的重要组成部分。优先股制度绝不是"一块嚼过的口香糖"，如果只看到优先股对银行资本的补充，对股市融资压力的缓解，就显得有失偏颇。事实上，化解标的资产的痼疾、提升金融资产的效益、优化资本运用的效率、缓释资产风险的堆积、实现风险收益的市场定价，都是优先股试点政策的应有之义。

概括起来，企业发行优先股主要基于以下综合考量：

1. 保持公司控制权的稳定性

如果采用公开发行或者非公开发行普通股的方案，控股股东的股权将会被进一步稀释，不利于公司控制权的稳定。现实中，大部分民营企业家对自己创办的企业感情较深，部分国有企业由于自身利益需要和政治考虑，普遍倾向于保持公司控制权的稳定性。优先股股东不具有表决权，不参与公司的实际经营，仅享有优先的利益分配和剩余财产分配权，因此它的发行不会稀释现有股东对公司的控制权。正是由于这一特点，才促成了美国政府在金融危机时期救助美国国际集团（AIG）时采用了优先股制度，回避了国家资本投入可能干预企业经营的风险。如今，充分利用这一特点，将会对我国的国有上市公司治理、国企改革等起到重要的推动作用。

2. 优化公司的股权结构和负债率

进入优先股的资金不是从股市抽血，而是吸引庞大的固定收益市场资金。具有固定股息、享有剩余财产的分配权和具备优先清算权的优先股，为社保基金、保险资金、银行理财产品和养老金等一大批机构投资者提供了一个收益稳定的低风险投资新工具，能够较好地吸引场外稳健投资者资金。根据美国经验，优先股的市场回报和普通股以及债券市场回报的相关性都很低，有助于机构投资者在构建投资组合中进行分散化投资，吸引保险资金和养老机构资金的长期投资。另外，由于公布优先股预案的公司不设置赎回和回售条款、不可转换，仅在上交所转让，将更有利于资本市场吸引场外的稳健投资者资金来改变上市公司的负债率和股权结构。

3. 补充公司资本的重要融资工具

整体来看，优先股并不足以给资本市场注入巨大的活力，在实体领域也无法帮助上市公司重大项目全面开展，尤其是国有企业在资金方面有政策保障、银行支持、地方政府帮扶。但随着资本监管标准的提高和业务规模的不断扩张，资本充足率问题成为商业银行的发展"瓶颈"之一。一直以来，我国商业银行面临着资本结构过于单一、资本补充渠道狭窄等问题，补充资本主要依靠自身利润留存、发行普通股和少量次级债券。2012 年发布的《商业银行资本管理办法（试行）》，对银行的资本充足率提出了最低要求。综合其他因素动态来看，至 2018 年系统性重要银行的核心资本充足率要达到 11%~12%，非系统性重要银行则需要达到 9%~10%，目前资本缺口较为明显。根据《巴塞尔协议Ⅲ》的规定，银行发行的非累积不可赎回优先股可以计入一级核心资本。因此，银行可以选择发行优先股来补充核心一级资本。2014 年 4 月 18 日，中国银监会、证监会发布《关于商业银行发行优先股补充一级资本的指导意见》，为银行优先股试点扫清了政策障碍，通过优先股的发行补充商业银行其他一级资本，可带来双赢，既有助于减轻银行发行普通股对二级市场构成的压力，又使上市银行突破 A 股市场环境的限制，有助于商业银行构建多层次、多元化的资本补充渠道，进一步夯实资本基础，可持续地支持实体经济发展。

4. 实现兼并重组的重要支付手段

目前，国内资本市场常见的并购支付手段有现金支付、股份支付、债权支付、资产支付和混合支付。2014 年 3 月，国务院《关于进一步优化企业兼并重组市场环境的意见》中，明确提出"允许符合条件的企业发行优先股、定向发行可转换债券作为兼并重组支付方式，研究推进定向权证等作为支付方式"，鼓励采用更多的衍生金融工具用于并购支付。在成熟的资本市场并购交易中，优先股是一种重要的衍生支付工具，由于兼具股权性和债权性的特征，优先股能有效弥补现金支付和股权支付的不足，是现行支付制度的重要补充。对于存在重组预期的上市公司，可以借力优先股实现战略发展规划；对于存在资金压力或在收购过程中控制权结构将受影响的上市公司，可以借用优先股灵活设计，解决并购重组中出现的难题。

5. 进行市值管理的重要工具

以上市公司通过发行优先股回购普通股为例。首先，由于发行优先股总量不可超过普通股总数的 50%，也不可超过发行前净资产总额的 50%，因此优先股总金额与初始普通股市值之比最大不会超过 50%；其次，优先股股息率低于净资产收益率（ROE），这使得发行优先股回购普通股的交易可以增加上市公司的每股收益（EPS），从而提高上市公司市值，而回购股票行为本身也反映股东对公司前景比较看好。目前，有 140 余家上市公司股价低于每股净资产，潜在的回购股票需求会较为旺盛。因此，充分发挥优先股在公司治理方面的独特作用，可为公司进行市值管理提供更多选择。

6. 需要承受较高的融资成本

虽然优先股的试行对于上市公司有诸多的好处，但优先股并不是完美的融资工具，承受较高的融资成本就是它的明显缺点。2008 年金融危机时高盛卖了 50 亿美元的优先股给巴菲特的伯克希尔公司，股息率为 10%，还搭配 5 年内任意时间购入 50 亿美元高盛普通股的认股权。到 2011 年高盛业绩回升时，第一件事就是愿意付出 10% 的溢价向巴菲特全部赎回这批优先股。说明优先股的股息往往是正常公司难以承担或不愿承担的，由于融资成本较高，一般只有公司募投项目的收益率远远高于优先股股息，才能承受发行优先股，或者是既想融资又不希望稀释控制权，在其他渠道难以融资的情况下，发行优先股来度过困难期。在我国，目前大部分银行理财产品的收益率在 5%~6%，这使得上市公司对于发行优先股的股息率很难低于 6%。股息率若偏低，担心发行失败；若过高，则会提高融资成本，加重企业负担，因而由市场询价后确定的股息率将是是否发行优先股的重要考虑因素。

第十五章 部分上市公司对开展市值管理的看法与建议

2014 年 6 月，就上市公司开展市值管理听取了 14 家上市公司的看法与建议。具体情况如下：

一、上市公司市值管理的必要性

2014 年 5 月 9 日，国务院印发的《关于进一步促进资本市场健康发展的若干意见》（国发〔2014〕17 号）明确提出，鼓励上市公司建立市值管理制度。这是"市值管理"首次被写入资本市场顶层制度设计的国家级文件。参会企业普遍表示，这对目前低迷的资本市场以及上市公司市值管理工作都是个利好消息。但对于中国市场来说，尽管很多公司都有了实践，但市值管理仍然是个新生事物。

1. 市值管理的概念界定

市值管理至今尚无完整的理论体系和框架。对于什么是市值管理并没有成熟统一的概念，市值管理的底线是什么，边界在哪里，如何进行更好的市值维护等内容都需要进一步研究讨论。

有企业提到，市值=股本×股价，要进行市值管理可以通过扩大股本和提升股价两种形式，把市值管理到价值的中轴上。扩大股本，一般表现为大比例送股，但这样做会摊薄股价，对投资者没有吸引力，只有提升股价才是管理市值的"不二法门"。又由于股价=每股收益×市盈率，每股收益是上市公司经营成果的高度浓缩，是上市公司基本面的集中体现，因此提升每股收益才是开展市值管理的根本。目前，该企业正通过收入增长和成本压缩不断提高企业经营水平，进行市值管理。搞市值管理不是操纵股价，不是做表面文章，而是要增加公司收益，要夯实价值基础，改变公司基本面。也有企业认为，全流通后市值管理的意义和重要性空前提升，各家上市公司似乎都在讲市值管理，但对于市值管理的概念和内涵却大多比较模糊，没有形成一个清晰和统一的认识。对其内涵的认识，存在两种偏颇：一种认为市值管理就是股价管理，通过各种炒作手段把股价搞得越高越好；另一种则把市值管理看作是一个"大筐"，与上市公司日常运作和管理相关的各项活动都往里放。市值管理本质上应是企业集团及其控股上市公司根据市值信号，有意识地运用多种科学、合规的手段，推动上市公司市值持续、稳定、健康增长，以实现公司价值创造最大化的战略管理行为。因此，市值管理的核心应该是以提升公司价值为目标，对能够影响公司经营业绩和市场认可的诸多因素进行管理的体系化工作。

有企业认为，市值管理是企业综合素质的体现，是企业成长机制的反映。对于上市公司而言，市值管理直接影响资本的升值效率，并对股权支付能力、并购重组行为都有很大影响。对控股股东而言，市值管理直接影响大股东持有资产的变现能力。对投资者来说，市值大小是评价公司价值和企业管理层经营的重要指标。还有企业形象地把市值管理结构形容成哑铃结构，一头是价值创造，一头是价值实现（资本市场怎么估值），连接两者的则是价值沟通（包括信息披露和投资者关系管理）。价值创造主要包括三个方面：公司治理、公司经营管理和资本运营。市场的估值不完全决定于公司的价值创造和价值沟通的努力，还有很多公司控制不了的因素，如宏观经济、行业传闻和投资偏好等。

有企业认为，市值管理就是上市公司建立一种长效组织机制，通过与资本市场保持准确及时的信息交互，围绕投资者的根本利益，综合运用多种科学与合规的价值经营方法和手段，对公司的战略规划、经营管理、公司市值和投资者关系进行综合管理，使股价充分反映公司的价值。市值管理的核心就是在合规合法的前提下，追求公司市场价值的最大化，实现股东在公司的内在价值。也有企业提到，市值已经变成了现代公司的一种生存方式和价值实现形态，在市值波动中进行价值实现，增加股东财富和公司竞争力，促进可持续增长。有企业指出，其最初对市值管理有深刻烙印的是在股权分置改革时，市值管理和公司经营、战略管理都紧密结合。全流通时代，市值已成为衡量公司价值的全新标杆，股东价值最大化成为上市公司的最高经营目标。由于公司股本相对比较稳定，影响市值更多的是股价。但考虑到股价并不能完全真正反映公司价值，因此认为公司市值的核心是有明确的经营战略、良好的公司治理和稳定的股东回报。有企业认为，市值的本质是支付工具。支付给并购方就是并购工具，支付给内部员工就成了股权激励，成为新的支付手段。任何一次公允价值的判断都是现金流折现法估值的结果。市值还可以对上市经营进行反馈。

此外，还有一种观点认为，市值管理是股东价值最大化，同时也是公司实现业务发展及良性资本运作的基础。企业包括内在和外在的价值，市值是市场外在的价值，能够形成未来溢价能力，市值管理的关键是要做好公司战略管理、投资者关系、股东结构优化、媒体关系舆情管理等内容。

2. 市值管理的必要性

与会企业普遍认为加强市值管理十分必要。这主要表现在以下几方面：

一是促进公司改善经营管理。在我国股权分置改革完成后，上市公司的股东价值取向一致。上市公司的市值管理以实现股东在公司价值的最大化为根本目的。为了达到这一目的，市值管理使上市公司主动改善公司治理，积极建立与完善公司治理、人才吸引与储备、业绩考核等一系列经营管理体系，不断提升公司的经营管理质量。上市公司经营管理的改善，直接促进了公司业绩的提升，反映在股价与公司价值上，实现股东在公司价值的最大化。万通地产认为，公司践行以市值为导向的系统化管理，是上市公司持续稳定发展的客观要求。上市公司唯有充分重视和科学实践市值管理才能获得竞争优势。科学有效的市值管理对于完善公司的治理机制等具有十分重要的战略意义。

二是提升公司品牌意识。从自身所处行业特点出发，有企业认为市值管理对于股东、公司和市场三个层面都很有必要性。股东层面，加强市值管理是实现股东利益最大化的内在要求；公司层面，加强市值管理是提升公司综合竞争力的必然选择（因为银行是经营风险的企业，受资本充足率的约束有再融资需要，这就要求商业银行在经营中有市值管理理念，再加上国内银行业同质化竞争严重，而市值管理中多个环境能够提升综合竞争力，形成自身经营发展特色）；市场层面，加强市值管理有利于促进我国资本市场健康发展。目前，16家上市银行市值占 A 股总市值近 1/3，净利润占到上市公司净利润的半壁江山，上市银行通过强化市值管理理念，不仅能够实现自身市值和股东价值最大化，还能对整个市场产生示范效应，促进我国资本市场的整体健康发展。有企业认为，对于上市公司来说，公司市值大小，在资本市场上与公司及公司管理层的经营能力和声誉有直接联系。公司的市值管理做得好，股东的价值得到最大化的回报，投资者在资本市场对公司的评价就会不断趋于积极与正面，公司的品牌形象也会不断得到提升，从而吸引更多投资者。

三是提高公司再融资效率。某央企在 2014 年推动企业重组整合和资本运作过程中，体会到市值是衡量上市公司综合实力的重要标志、提升再融资效率的重要条件、提高并购重组股权支付能力的前提、防范敌意收购的有力手段，是一项非常重要的体系化工作。也有企业认为，再融资是公司扩大规模、改善经营、实现升级转型的重要资本途径。上市公司不同融资规模在不同的价位发行，对公司总股本的影响差异是很大的。市值管理实际就是影响估值、影响股价，因此通过总市值管理可以帮助企业在市场比较可行的时候推出再融资方案，以此提高融资效率，提升发行价格。上市公司良好的市值表现有利于降低公司的融资成本，拓宽了上市公司的融资渠道。有企业认为，市值管理可以成为提升上市公司并购能力、改善上市公司融资效率、防范竞争对手敌意收购等的重要保障。也有企业提到，在公司股本不变的情况下，市值越大意味着股价越高，从而股权融资的能力越强；同时，市值越高，偿债能力和抗风险能力越强，越易得到更高的资信评级，融资成本偏低，获得间接融资的规模也就越大。市值越大，并购其他企业的能力越强，也就意味着产业整合能力越强。

四是优化资本市场的资源配置。有大型集团的下属企业已分板块上市。但同样是子公司，市场并不能真实反映公司价值，有的是过度反映，有的是没反映出来，因此，市值管理已到了非做不可的时候。多家参会企业认为，在资本市场上，市值管理已成为衡量上市公司综合实力的关键指标，是上市公司经营业绩考核的重要指标，是实现公司和股东价值最大化的重要机制。市值管理的成功可以使资本向使用率高、使用效益好的行业与公司倾斜，有利于产业结构的优化调整和行业竞争格局的市场化形成。通过资本市场的资金这只"无形的手"培育一批真正具有竞争力的行业和行业内的龙头企业。

二、上市公司市值管理的方式方法

市值管理是个新生事物。大多数企业已开始把市值和公司的战略经营、各项管理联系在一起，它们纷纷主动关心市值管理，但由于对市值管理的理解不同，形成了不同的市值管理模式。目前，主要有以下五种做法：

1. 夯实价值基础，提高企业业绩和竞争能力

业绩和公司可持续发展的能力是公司价值的基础，如果没有良好的业绩和竞争能力的支撑，通过欺骗投资者和炒作概念推高股价都是不具有可持续性的。有企业表示，正努力提升所属上市公司的盈利能力，通过推进业务结构从产业链中下游向中上游转变，促进优质资源向产业关键领域和核心环节集中，以提高上市公司的产业竞争能力；同时，积极通过吸收合并、增发、发行债券等方式，推动集团现有非上市优质资产和业务注入上市平台，并对系统内同类型资源进行整合，减少同业竞争，以提高上市公司资产质量和盈利水平。也有企业提出市值管理的目标要与集团的发展战略相联系。由于该企业是制造业实体，市值管理的目标最终要有利于装备现代化。只有对业务进行梳理，提高企业的技术水平和自身发展能力，才是市值管理的根本。有企业认为经营业绩、公司治理与投资者关系管理共同构成了市值管理的三大支柱，其中经营业绩是根本。某房地产企业认为市值的基础是企业长期稳定发展，需要让市场认可公司具有长期发展的潜力，认可公司的经营发展方式以及认可公司独特的商业方式。持续提升公司的核心竞争能力和投资回报，优化公司的经营管理流程是实现公司市值管理最大化的基础。也有企业提出，市值管理需要进一步优化主营

业务，不断提高自身盈利能力；进一步优化资本结构，根据自身条件选择最合适的资本结构，使加权平均资本成本达到最小；进一步优化公司治理结构，加强内部控制，完善考核与激励机制，实施股权激励，积极引入外部董事或独立董事，保护中小股东利益，适时引入公司治理评级。

2. 提高公司经营水平、规范公司治理结构

有企业提到应通过规范公司治理结构和各项规章制度流程来进行市值管理。通过聘请资深独立董事，积极发挥独立董事的作用来保护投资者利益；通过完善现代企业制度，健全公司经营决策机制，与同类公司比较呈现出市值溢价。某央企集团提到要重视对下属上市公司治理体系的完善。通过制定或完善多项制度的顶层设计，实现公司治理体系的系统性和完整性。多家企业都提到公司治理是市值管理的保障，应建立完善的现代公司治理架构和机制，形成多元化股权结构，并注重树立良好的社会责任形象。

3. 增强信息披露的有效性，公布利润分配政策

信息披露不仅是上市公司应当履行的法定义务，更是上市公司与投资者和资本市场的有机互动。规范、准确、透明的信息披露能有助于上市公司及时向投资者传递公司的基本信息、发展现状及重大事项。一些上市公司十分看重定期报告的发布，年度、半年度、季度报告都是精益求精，凡是公司有重大事项都会主动披露大量信息，还将现金分红作为一项制度写进了公司章程，连续4年现金分红比例都为当年归属于上市公司净利润的40%，分红的绝对额也是上市公司中最高的之一。大多参会企业都提到在开展市值管理工作中，严格遵守了相关法律法规的规定，制定了公司的信息披露管理制度，始终坚持规范、准确、透明的原则，将公司的信息披露摆在市值管理工作中最核心的位置，履行公司的法定信息披露义务。也有企业提出要从被动式的信息披露向主动式的信息披露转变；进一步严格内部信息报告制度，明确相关人员的披露职责和保密责任，做到信息流转畅通，口径把握准确，披露适时恰当。在信息披露方面，上市公司提出要保证公平公正和充分的披露。在定期报告、季报、年报等内容中确保信息披露充分，让投资者能更公平、及时地获得相关信息。

4. 加强投资者管理，建立与社会各界的良好沟通关系

投资者关系管理是推动企业发展的重要驱动力。建立积极有效的投资者关系机制是上市公司对投资者的主动"联谊"。有企业要求控股的上市公司要注重加强与中小股东的沟通，完善投资者关系，重大战略决策要及时充分地与投资者沟通并得到投资者的理解和支持，注重打造资本市场品牌，增强市场信心。多家与会企业都提到要持续加强投资者关系管理，已进行精细互动的投资者关系管理并得到投资者的普遍认可；许多上市公司保持着与投资者之间畅通、便捷的沟通机制，召开各类投资者沟通会、业绩交流会，参加投资策略会，向投资者和社会公众全面沟通信息，加深投资者对公司的了解和认同；公司经营发展战略要进一步完善并改进投资者关系管理体系；要拓宽与投资者的沟通渠道，传递资本市场压力，把握资本市场要求，培育有利于公司健康发展的投资者文化；要把握股权投资者与债券投资者对公司的不同偏好，针对不同类别投资者进行有针对性的沟通；通过加强投资者关系管理，引入专业能力强大的机构投资者，优化股东结构，提升公司估值水平，从而塑造公司良好的资本市场形象；通过主办投资策略会、业绩说明会、接待来访、接听热线等多种方式与投资者保持密切沟通。另外，多家企业表示，十分重视构建与社会各界的良好沟通关系。有的通过财经公关公司给上市公司提供市值管理咨询服务，如向上市公司提供媒体关系管理服务和投资者关系管理服务，加强市值管理；有的上市公司通过与政府监管部门、投资者之间建立良好的沟通关系，争取好的监管环境和稳定的客户群；有的上市公司通过与新闻媒体、业内分析师之间建立良好的沟通关系，更好地把握舆论导向。

5. 创新使用管理工具，采用资本运作手段实现股价稳定提升

上市公司积极运用回购、股权激励、再融资，配合大股东及管理层增持等资本手段，不仅是公司正常经营管理的需求，也是公司进行市值管理的重要手段。有企业通过加强对市值的动态监控和分析评估、根据市场行情适时进行增持、减持或回购、择机实施增发配股等再融资和资产重组等方式实现市值管理。有企业也通过定向增发、高管增持、股东增持等方式来实现市值管理。也有企业认为可采取大股东增持、高管增持、上市公司股份回购等方式，但前两种增持的实际效果并不明显，特别是大股东增持，增持的数量和时机都很重要。还有企业采取了大股东增持、股权激励、并购重组等方式。多家企业认为，在众多的资本运作手段中，上市公司回购股份是一种重要方式。从政策支持看，《国务院办公厅关于进一步加强资本市场中小投资者合法权益保护工作的意见》明确规定："建立多元化投资回报体系。完善股份回购制度，引导上市公司承诺在出现股价低于每股净资产等情形时回购股份"。企业认为在严格遵循相关法律法规及交易规则的前提下，灵活运用股东增减持管理、股本管理、回购等技术手段，引导投资者预期，可实现公司估值提升。

此外，有企业还从新的视角概括出市值管理方法的四大流派。每种流派都有合规的手段、踩红线的手段、违规的手段和违法的手段。第一类是股价管理，通过直接影响二级市场的股价的行为管理市值。其中包括：大股东减持管理（时机，数量），大股东增持管理（时机，数量），公司股票回购管理（预期，数量，触发条件），定向增发管理（计划宣告，投资者路演，机会选择，失败宣告），基金股东管理（调仓意愿，风格转换，经理换人），战略投资者管理（协议转让宣告，大宗交易宣告）。第二类是盈余管理，这是通过影响当期利润改变投资者信心来管理市值。其中包括：商誉管理（商誉资产减值测试宣告，减值操作时机），公允价值管理（重估资产价值），会计政策管理（摊销和折旧政策，坏账准备计提政策），资本化（费用资本化，资本费用化），其他影响手段（库存政策，账期政策，在建工程政策）。这个手段走到极端，基本上就是做假账。第三类是事件管理，这是通过传播公司经营管理的重大事件来影响股票持有者的信心来管理市值。其中包括：并购管理（时机安排和对外宣告），公司架构变化（成立子公司，对外投资，对外合作），股权激励管理（员工期权，限制性股票），公司业务变化（经营单元的变化，销售政策转变，销售渠道重构），公司员工变化（员工招聘和辞退，员工流失，管理层换血），危机管理（负面消息，突发事件）。这类事件会极大影响当期市值，有些事件处理不好往往导致内幕交易。第四类是预期管理，这种方法基本上是通过专业媒体和专业股票分析师对外传播企业运营目标和计划，解读企业行为和各种财务数据，随时传递管理层分析的声音。其目标是避免企业成为让人意外的"黑马"，而让企业成为不断满足大家预期的"白马"甚至是"水晶马"。其中包括：企业信息组织（企业愿景和计划解读，经营数据解读，经营风险提示，重大事件解读），信息传播渠道（企业定期报告，法定披露公告，分析师会议，投资者会议，关键媒体选择），关键行为人管理（卖方分析师，关键投资者意愿，企业经营层声音）。这类行为如果操作不当也会导致信息披露违规。站在企业的角度，最希望监管部门在政策上明确"行为违法"边界、"行为违规"边界、"行为不当"边界。企业表示，只有确定了红线，大家心里才踏实。

三、上市公司市值管理的问题或障碍

与会企业大多感到困惑的首要问题是，对市值管理的内涵理解和掌握还不够全面，希望监管部门给予明确界定。此外，还反映了以下六方面的问题或障碍：

1. 市值管理没有现成规则，合规行为难以把握

有企业困惑市值管理的目的。究竟是公司市值最大化还是实现公司的合理价值，目前争议很大。如果是合理价值的体现，那由谁来确定何为合理价值？有企业提到，市值管理缺乏现成的规则，合规行为不好把握。如何遵循国家的法律法规进行市值管理还有很多盲区。对信息披露的程度也比较难把握，披露得充分可能会泄露商业秘密；如果不充分，市场不认可。

2. 市值管理缺乏长期、细化的规划

也有企业提到，长期规划至少应当包括上市公司 3~5 年的市值管理目标，如市值增长目标、价值创造子目标、价值实现子目标、价值经营子目标等以及实现这些目标的总体路径。然而，目前很多企业市值管理缺乏长期细化的规划。

3. 市值管理缺乏考核标准，评价难度大

有企业指出，新"国九条"中虽提到市值管理，但只是鼓励性的措施，并没有提到市值考核。应该重视什么就考核什么。如果控股股东没有考核压力，

就不会真正重视市值管理，从而使企业实践起来有困难。也有企业困惑市值管理涉及公司治理、投资者关系、市场影响力、品牌影响力等多方面因素，难以用量化指标衡量。尤其是集团控股的上市公司数量众多，各公司之间规模、能力和市值差距较大，制定一套科学有效的、统一的市值管理评价方法难度很大，从而在实施市值管理上缺乏有力抓手。多家企业都对考核标准和合理价值评估等提出疑虑。究竟谁来负责市值管理？建立什么样的制度去规范市值管理？

4. 境内资本市场发展不成熟，增加市值管理难度

多家企业在市值管理的实践过程中都发现，境内外资本市场的发展不平衡，对市值管理也有着不同的影响。境内投资者更喜欢小盘股的股性活和便于操作，境外机构投资者喜欢大盘股的流动性和便于大资金的进出，这在一定程度上增加了 A 股市场市值管理的难度。在成熟市场上，市值就等于公司价值，但在中国这样的市场，还是有一部分偏离。有企业由于股本大，波动小，而更多投资者倾向于溢价收益，一些倾向于价值投资的机构投资者因为溢价收益的考核影响而放弃价值投资的理念，所以在市值管理实践中困惑多于收获。片面追求公司的股价最大化，会使股价背离其内在价值。不少上市公司在股价低迷的时候才想起市值管理，抱着提升股价的心态开展市值管理工作，股市行情渐好后即忽略市值管理。实际上，上市公司的市值管理应是一个持续、常态化的管理行为，而不应是一个临时工程。部分公司对市值管理认识有些片面，要么撒手不管，要么剑走偏锋操作股价，使市值管理难以真正实现公司市值最大化的长期目标。

5. 上市公司增发、资产重组等资本运作的审批程序复杂，回购注销制度也增加了市值管理的成本和难度

有多家企业都提到现有的行政审批程度复杂，影响了市值管理的有效实行。有上市公司由于涉及很多军用资产，行政审批更是时间长，成本高。也有"涉房企业"提到，一直没有机会参与再融资，现在股价低于净资产后，再融资又增加了国资委的限制。有企业认为有两个因素限制了回购，一是上市公司的股份回购和新增股份行为没有很好地平衡，市场化的股份发行机制还不到位；二是股份回购注销制度增加了市值管理的成本和难度。

6. 市值管理缺乏具体的专业性业务指引，专业人才短缺

多家企业都提到，由于实践中很难找到市值管理成功的案例，只能采取摸着石头过河的方式。希望出台专业性业务指引，能够包括人员怎么配备、工作内容包含哪些以及如何考核工作成效等内容。上市公司市值管理是价值管理理论在中国资本市场的创新和发展，是具有中国特色的创新理论。上市公司市值管理战略策略的制定和执行缺少专业人员，市值管理工作需要更多的专业化人员管理。

四、对开展市值管理的政策建议

1. 尽快出台相关政策指引，使企业在实践中有据可循

与会企业多次提出，希望监管部门能出台相关的政策指引，明确市值管理涵盖的范围，并对市值管理体系建设和相关考评措施提供框架性的指导建议。在各种手段策略选择上，希望有指导意见能告诉企业在什么样的市场环境下可以选择什么样的策略。在政策指引中，需要澄清现有认识误区，引导企业树立正确的市值管理理念。应以改善公司经营业绩为核心做大做强，提升公司的内在价值，为股东创造价值，避免出现单纯追求短时间内市值最大化的做法。应建立长期与短期相结合的市值管理目标，正确处理各种市值管理目标之间的关系，服务于公司价值化的根本目标。为确保公司的市值管理能够有效开展，希望政策指引文件更具操作性。

2. 考虑正式引入市值考核指标

要在现有的业绩考核基础上引入市值考核指标，先期引入相对市值考核，条件成熟时开展绝对与相对市值指标的考核，以增强管理团队的市值意识和回报股东意识。

3. 搜集整理市值管理典型案例，开展市值管理培训

与会企业认为，目前很多上市公司对市值管理的认知还比较粗浅，对市值管理工具的应用还比较初步，建议监管机构能够积极组织市值管理的相关培训，交流优秀做法和经验，提升上市公司市值管理的理念与水平。应充分发挥中上协的自律组织作用，更好地为企业提供培训和经验交流活动，通过示范性的交流活动来推广好的经验做法，全面培育市值管理的文化氛围。

4. 加大政策创新力度，改进现有的回购注销、分拆等制度

几家企业对回购股票后需要注销的制度提出改进建议，对相关政策规定大股东增持超过 30% 就要发行要约收购的制度提出修改意见。另外，借鉴海外上市公司在利润分配上往往有很大的弹性，并且经常会进行分拆，建议在制度上进行相关的调整，适度放宽不允许分拆的制度安排。如果允许每个板块都直接面对资本市场，将能更大地激发管理层的积极性。希望这方面能得到政策支持，更充分地实现价值体现。

5. 加强对投资者的教育和舆论引导，鼓励投资者形成长期价值投资理念

一方面，由于 A 股市场结构仍以散户为主，投机氛围浓厚、追涨杀跌成风，机构投资者在业绩考核压力下投资日趋短期化，导致价值投资一直无法成为市场主流，建议监管机构进一步加强投资者教育，引导投资者形成长期价值投资理念。另一方面，目前一些外资投行、评级公司、沽空机构大肆唱空中国银行业，甚至一些投资银行通过唱空做多来谋利。国内媒体也跟风炒作，银行负面消息不断，利空被过度放大、错误解释，导致上市银行舆论环境非常恶劣，股价受到极大压制，建议监管机构加强舆论引导，积极传递正面信息，及时化解政策误读，引导投资者客观、全面了解上市公司内在价值，营造一个良好的发展环境，增强投资者对上市银行的信心。

第十六章　部分上市公司对推进股权
激励办法修订的看法与建议

2014 年 6 月，就《上市公司股权激励管理办法（试行）》修订听取了 14 家上市公司的看法与建议。具体情况如下：

一、对上市公司进行股权激励的条件、激励对象范围、激励方式、考核指标设计、行权期安排、定价方式等的意见建议

参会企业普遍认为，应赋予上市公司在股权激励范围、规模、定价、考核指标等内容上更大的自主权，由上市公司按照市场化标准、参照可比行业水平确定，简化监管要求和审批流程。

1. 放宽对股权激励规模的限制，赋予企业更大自主权，便于上市公司根据不同情况及时调整激励规模

根据《管理办法》及有关股权激励相关法律法规的规定，上市公司激励计划中所涉及的股权激励股份不得超过上市公司总股本的 10%。企业认为，这种数量限制无法满足规模较大的上市公司的激励需要，会导致企业内部不平衡感的产生，不利于上市公司的快速健康发展；另外，国有控股上市公司还受到国资委、财政部《国有控股上市公司（境内）实施股权激励试行办法》（国资发分配〔2006〕175 号）的关于上市公司首次实施股权激励计划授予的股权数量原则上应控制在上市公司股本总额 1% 以内的限制，建议证监会通过部际协调，争取适当放宽对股权激励规模的限制，以适应公司进一步发展的需要。此外，在上市公司实施股权激励的股票来源方式中，定向增发较为困难，而回购公司

股票则受到《公司法》关于回购公司股份用于股权激励不得超过公司总股本 5% 的限制，建议制定专项政策予以支持。证监会应从不同类型公司对股权激励需求的差异化角度出发，建议只要授予权益后不会导致公司股权分布不满足上市条件，即可由公司自主控制授予量。此外，有企业提到，除放宽股权激励总量外，还应放宽对个人 1% 额度的限制。

2. 放宽激励对象范围限制，赋予企业更大自主权

参会企业提出，技术密集型企业一般为全员持股，建议扩大激励对象范围到全员激励。有企业认为，社会舆论环境对于银行业高管薪酬有着负面评价，因此仅对高管进行股权激励有较大的社会压力，更倾向于实施员工持股计划。也有企业在改制之初就在实践员工持股，目前已基本实现全员持股，实践中也更倾向于实施员工持股计划。企业建议，可以放宽对激励对象范围的选择，一是将企业职工监事（股权激励备忘录 2 号规定上市公司监事不得成为股权激励对象）和经销商纳入股权激励对象范围；二是通过严格执行信息披露制度，防止暗箱操作谋取私利。

3. 根据企业多元化需求放宽限制，赋予企业更多样化的选择权

目前，《管理办法》中仅仅规定了限制性股票和股票期权，应相应地补充其他股权激励方式。建议采取多元化的激励方式，综合出台股权激励、员工持股等多种激励方式的指导意见。多家企业建议证监会放宽激励方式的限制，采用除限制性股票、股票期权外的员工持股计划、虚拟股票、股票增值权、业绩股票及其他国际通行的激励方式，使企业有更大的选择空间。对于现有的限制性股票和股票期权这两种激励方式，根据我们此前调研情况表明，目前国际上已比较少采用期权激励的方式。要充分考虑期权激励方式在股票价格波动较大情况下容易导致分配不公的机理，针对企业的实际需求实现激励方式的多元化选择。

4. 根据行业实际，由企业自主选择适合自身情况的指标，并明确考核不达标时股权激励计划的处置方式

在涉及指标选择的规定方面，建议进一步明确细化指标选择的说明，避免企业产生误解或不再用列举方式规定考核指标。尽管证监会明确现有规定中对业绩考核指标是采用列举方式，并未穷尽业绩考核指标方式，企业选择列举外的指标只需充分说明采用该种指标的合理性问题，但是参会企业普遍表示基于市场通用做法和顺利通过审批的考量，企业在实施股权激励计划（包括年报报送）时，一般还是在列举的指标中进行选择，尽管该类指标可能对企业完全不适用或并非为最适用于本企业或本行业实际情况的指标，因此在股权激励业绩考核指标选择时，建议应由各个行业、公司根据自己公司的实际情况选择适用自己的考核标准，只要能够满足业绩增长，效益提高的要求即可。

此外，有企业提到，目前对上市公司业绩考核水平的要求过于宽松，并不能起到激励上市公司进步的作用，甚至反而会使上市公司退步。过低的业绩考核门槛增加了利用股权激励向激励对象输送利益的可能性，建议参考国有上市公司业绩考核条件设计，提高业绩考核要求。其他与会企业也都认为，国有企业实施股权激励计划主要是受到国资监管规定中所设定的业绩考核体系和考核办法的约束。其中，有企业认为，国资监管所设立的业绩考核指标体系是 2008 年法规出台时制定的，目前市场环境和经济形势已经发生了巨大变化，该项考核指标已经与现在的资本市场、经济社会环境不相匹配，应该及时进行调整。我国现行的股权激励发放条件是公司的净资产收益率必须达到一定的标准，而公司的业绩评价不仅是净资产收益率，还应当综合考虑公司业绩的各个方面。考核指标的设计应以相对灵活的方式结合多种指标，除财务指标这一定量指标外，还应设计必要的定性指标，考核被激励对象的品德、执业能力、职业水平等。另外，对一些特殊行业而言，现有业绩考核指标对公司实施股权激励计划的影响较大。根据国资委关于实施股权激励业绩考核体系指标的相关规定，主要有公司价值创造、公司盈利能力和公司收益质量三类指标。房地产企业在财务处理上，房地产的部分主营业务反映为非经营性损益，如果这些业绩考核指标无法体现非经营性损益，则这部分主营业务产生的损益无法纳入考核当期的财务指标中，将会导致激励对象个人因财务处理因素而无法行权，建议监管部门酌情考虑房地产企业财务处理的特殊性，将这部分常规主营业务（在财务上反映为非经营性损益）数据纳入业绩考核体系指标的计算范围。股权激励备忘录 3 号应明确业绩不达标时股权激励计划的处理方式。

5. 缩短或取消股权激励计划有关强制间隔期

证监会股权激励备忘录 3 号规定，上市公司董事会审议通过撤销实施股权激励计划决议或股东大会审议未通过股权激励计划的，自决议公告之日起 6 个月内，上市公司董事会不得再次审议和披露股权激励计划草案。企业普遍认为，6 个月时间太长，激励方案撤销或未通过后，导致管理层失落感增强，影响工作积极性，是否可以考虑缩短再次审议激励方案的期间。有企业提到该公司每年都需要根据职级、业绩完成情况、未来对人才需求确定期权股票的授予数量，从而达到激励、保留人才的目的，也建议缩短重启间隔期，公司若终止上一期激励计划，只需要股东大会批准，应随时可以重启。

6. 适当延长股东大会审议通过股权激励计划至完成授予登记之间的时间间隔

有企业提到，实践中，若激励对象在股东大会后有所变动，须董事会重新通过相关议案并进行调整，将延长授予登记完成时间，导致企业难以在规定的期限内完成登记事项；同时，目前大型上市公司股权激励人数较多，交易所与结算公司审核股权激励申请的时间也较长。因此，建议延长股东大会审议通过股权激励计划至完成授予登记之间的时间间隔（目前为 30 日）。

7. 制定股票期权自由行权的制度及配套系统，便于更好地保障激励对象的行权权利和降低上市公司的行权成本

多家企业提到，在实践中股权激励一般有一个行权期，由于上交所缺乏自由行权的制度设计，上市公司行权的普遍做法是由上市公司董事会办公室或董事会统一组织行权，这样每次行权都需要办理股份登记、上市、工商变更手续等，手续烦琐、周期很长，鉴于此，上市公司通常每年确定一次或两次行权时间点进行统一行权。这样的操作模式，使得一方面激励对象的行权权利得不到保障，另一方面也加大了上市公司对于如何选择合适时点、防范内幕交易风险的操作难度。有企业建议应当制定自主行权制度及配套系统，保障激励对象的自主行权权利。但也有企业认为，其每年事件很多，难以区分窗口期和非窗口期，建议统一行权，以避免自主行权过程中触及内幕交易等禁止性问题。

8. 出台股票期权行权窗口期的实施细则或指引，适当延长行权期、解锁等待期

有企业提到，目前业绩快报前和定期报告前是有明文规定为静止期的，但除此以外还有很多可能被认定为敏感时期的情况，容易导致披露不足或触及内幕交易的情况，需要由证监会相关部门或中上协就该类情况如何进行信息披露出台实施细则或指引，便于企业实践操作。因此，企业建议应当延长行权期限，若第一期业绩达标，则整个激励计划有效期内均可行权。《管理办法》规定的1年等待期过短。等待期过短使得激励对象发生短期行为的概率增大，也使得期权激励的长期激励效应无法体现，建议延长行权或解锁等待期。

9. 放宽对定价方式的限制，针对潜水期权出台指导意见

多家参会企业提到，按照目前价格确定方式，股票期权的行权价格往往较高，而股票市场的波动，易造成行权价格倒挂导致激励对象无法行权。因此，对于限制性股票、股票期权等建议放宽对其定价方式的限制。此外，受宏观经济、股市周期的影响，有企业认为针对中国股市存在的不少执行价高于股价的期权（也称"潜水期权"），证监会《管理办法》并没有相应的规定，建议证监会给予具体的指导意见。

10. 放宽上市公司对激励对象提供财务资助的限制

有企业提到，公司治理机构比较完善后，可以逐步放开上市公司为激励对象提供财务资助的限制，允许在公开、透明的前提下，由上市公司为激励对象提供一定的财务资助，便于更好地提升激励效果和稳定公司经营团队。

11. 适当放宽对于股权激励实施中要求中介机构参与的强制性要求，降低股权激励实施的成本

部分参会企业认为股权激励计划是股东和高管层之间的博弈结果，对于必要的中介机构的介入完全可以由企业自行决定，以便降低不必要的中介机构费用成本。

12. 允许企业部分留存已不能行权的限制性股票，用于鼓励其他激励对象，在行权额度和行权节奏上赋予企业更大自主权

就已经授予的限制性股票，在激励对象离职或岗位变更后，建议留存一定比例给公司用于授予其他激励对象或下一批激励对象，而不是由上市公司收回并注销，以便降低上市公司和激励对象实施股权激励的成本。

此外，建议在证监会批准的股权激励额度内，留存一定比例的股权给公司持有，根据激励对象的情况灵活调整授予比例和时间等。证监会可以出台对未来不确定情况进行调整的工具及配套制度，包括就股东大会可授权公司董事会在调整授予对象、额度以及时间等方面的指导性意见或实施细则。

二、对股权激励备案及监管流程的改进建议

1. 发布专门针对股权激励信息披露的指引

进一步细化股权激励各个部分的披露要求，并规范股权激励信息披露在年报中的格式，逐步完善对股权激励信息披露的监管。

2. 梳理现有法律法规中对于股权激励的规定，对不一致或不能衔接的地方进行修订

根据《管理办法》对股权激励的股票来源的规定，上市公司定向发行股票只需要向证监会备案，而《证券法》和《上市公司证券发行管理办法》则要求核准。因此，需要对相关规定进行修订，在上位法中对上市公司股权激励发行股票进行特殊规定。

3. 取消或简化对上市公司股权激励方案的审核

参会企业普遍建议，取消证监会对上市公司股权激励方案的审核或至少取消对股权激励方案中可以由市场或通过公司大股东及高管层博弈确定的项目，如股票总数、行权条件等项目的审核。通过股东大会的审议，公司股东与高管层对于股权激励方案的各个要素可以形成一个相对合理、公平的博弈均衡，证监会只需从股权激励方案实施过程中的合法合规性进行监督即可。有企业认为，上市公司完成对股权激励方案的法定决策程序、报备监管部门以及中介机

构出具相关文件后即可实施，监管部门不宜对方案做出实质性判断并提出意见。在一个有效的市场中，股权激励方案应是一个企业的自主行为，股东通过召开股东大会判断这一方案是否符合他们的最大利益。如果得到股东大会的通过，它就是合理的，监管方不应该过多干涉。即使后来被证明可能存在激励过度问题，理性的企业将在未来的激励方案设计中予以调整。目前政府推进职能改革，减少和下放了不少行政审批事项，相关监管部门可以考虑减少对企业股权激励方案中的硬性规定项目，如股票总数、行权条件。证监会主要从合规性方面进行监督管理，对于股权激励计划个性化的细节，只要不违反政策法规，应该由企业自行决定，由股东大会来决策。对于规范类的股权激励计划，应简化审批程序，高效推进，实现备案制。

4. 在现有法律框架下，对股东会和董事会进行适当授权，赋予企业更大的自主决定权

证监会应以上市公司自身建立的治理结构为监管体系，以股权激励相关政策法规为框架，适当授权上市公司股东大会与董事会（类似香港证监会对股权激励的监管），尤其在试点铺开之后，可授权股东大会对激励计划的审批，授权董事会对多次授予下的计划监管与实施监管。

另外，企业也提出希望国资委进一步简化关于国有控股上市公司股权实施股权激励的审批流程、降低授予和行权的标准等改进建议。

三、完善股权激励事中、事后监管措施

1. 放宽上市公司高管人员股权激励所获股份的减持限制

股权激励所得股份在行权时已经经历了一定的等待期，与二级市场购买获得的股份不同。因此，在颁布相关规定时应考虑单独对待这部分股份，对其减持限制进行适当的放宽。

2. 加强股权激励的内在约束机制

董事会和股东大会是上市公司主要的股权激励决策机构，随着独立董事独立性的不断提高，应充分发挥独立董事的监督职能。在设计上市公司股权激励

方案时，可以适当增加一些约束条件，如追回违规收益、提高业绩门槛等。

3. 建立"四位一体"的事中事后监管机制

建议由证监会主导，建立辖区监管机构、交易所、登记结算公司"四位一体"的联动监管机制，从日常规范化运作、信息披露、股票交易等方面强化对上市公司股权激励的事中事后监管。

4. 强化股权激励过程中的第三方责任

建议进一步强化股权激励计划过程中企业财务顾问、法律顾问等第三方机构的职能与责任。

四、影响股权激励效果的因素及相关政策建议

1. 采用统一的估值模型及相同的模型参数，增加上市公司间业绩的可比性

由于上市公司在确定股票期权、限制性股票等的公允价值时，一般都需要借助估值模型。常用的估值模型主要包括 B-S 模型、二叉树模型等，但各个公司对模型参数的选择差异很大，在不同模型和参数选择下，估值结果存在较大差异，使得上市公司间业绩的可比性大大降低，建议应对上市公司估值模型和参数选择进行统一规范。企业认为，由于现有企业选用不同的估值模型和参数，导致各企业差异较大，缺乏业绩可比性，建议由证监会统一规范估值模型和参数的选择。也有企业则认为应该由企业根据自身情况自主选择，扩大模型和参数的选择范围。

2. 完善股权激励的会计制度

首先，建议明确股权激励计划的成本核算方法与参数选择，通过完善会计相关规则，进一步明确激励计划公允价值的界定。

其次，目前财政部没有明确股份支付费用是否属于经常性损益，但证监会已经明确，实际上并未发生真正现金流支出，一旦确认为经常性损益，则"扣非前"和"扣非后"双指标均要被影响，直接影响上市公司估值。建议结合国际惯例，取消股份支付费用进经常性损益的规定，降低上市公司实施股权激励带来的成本敏感性。

再次，建议明确终止股权激励计划后激励费用的会计处理方式，明确何种情况下加速计提，何种情况下可以冲回。建议对于因市场条件没有达到，从而导致无法行权的股权激励、激励费用可以冲回。

最后，建议按年度将全部激励费用进行匀速摊销，或者按业绩增长的速率进行灵活处理。目前，各期股权激励费用需在等待期内匀速摊销，导致前年度高后年度低，对当期业绩影响不稳定。

3. 改革相关税收制度

首先，根据《关于个人股票期权所得征收个人所得税问题的通知》（财税〔2005〕35 号），对于股权激励对象，股票期权授予日不征税，行权日以取得股票的实际购买价与购买日市场价的差额缴纳个人所得税。35 号文规定高管人员在行权 6 个月内需缴纳个人所得税，但在行权这个时点上获得股权激励的高管尚未出售其获得的股权，就必须提前交税，造成获得激励的高管支付个人所得税面临较大的资金压力。为此激励对象不得不通过减持来筹措资金，而受监管规定减持比例又受到限制，因此股权激励的效果明显降低。可以适当延后股权激励纳税义务产生的时点，将目前行权的时间或限制性股票解禁的时点调整为股票实际出售时，即股票实际出售以后开始纳税，这也是美国、英国、日本等国际成熟市场的通常做法。并且，将纳税时点延后这一优惠政策扩大到高管以外的普通员工。

其次，根据《关于股权激励有关个人所得税问题的通知》（国税函〔2009〕461 号）的规定，个人因任职、受雇从上市公司取得的股票增值权所得和限制性股票所得，由上市公司或其境内机构按照"工资、薪金所得"项目和股票期权所得个人所得税计税方法，依法扣缴其个人所得税。据此，税率为 45%，而非按照一次性所得缴纳 20% 的个人所得税，税率过高不合理，建议通过修改相关规定，合理确定税率。

最后，可以制定刺激实施股权激励的税收优惠政策。有企业提出，国外成功的股权激励背后都有税收优惠的推进作用，可以使实施股权激励的公司和个人节约了激励成本、增强激励效果；而在我国，迄今为止都没有税收方面的优惠，并且除了征收股票交易印花税外，还对个人在股票期权中的实际利得征收个人所得税，建议可以就股权激励制定相应的税收优惠政策，鼓励股权激励的实施。也有企业指出，在以定向增发方式进行股权激励时，股权激励所得缴税比例为45%，而普通定向增发的股票在二级市场转让基本无需缴纳，建议将股票激励的税率以二级市场增发为参照，达到实际激励公司管理层、促进公司发展的目的。有企业提出，46号文规定，"被激励对象限制性股票应纳税所得额计算公式为：应纳税所得额=（股票登记日股票市价+本批次解禁股票当日市价）÷2×本批次解禁股票份数-被激励对象实际支付的资金总额×（本批次解禁股票份数÷被激励对象获取的限制性股票总份数）"，该公式应当明确授予日至解禁日期间发生"资本公积-股本溢价"转增股本情况下是否包括转增的股份数。

4. 放宽上市公司股权激励对象的激励收益限制和减持限制，强化减持信息披露机制

根据175号文的规定，在股权激励计划有效期内，高级管理人员个人股权激励预期收益水平，应控制在其薪酬总水平（含预期的期权或股权收益）的30%以内；根据国资委、财政部《关于规范国有控股上市公司实施股权激励制度有关问题的通知》（国资发分配〔2008〕171号）的规定，在行权有效期内，激励对象股权激励收益占本期股票期权（或股票增值权）授予时薪酬总水平（含股权激励收益，下同）的最高比重，境内上市公司及境外H股公司原则上不得超过40%，境外红筹股公司原则上不得超过50%。股权激励实际收益超出上述比重的，尚未行权的股票期权（或股票增值权）不再行使或将行权收益上交公司。行权收益的限制使激励效果不明显，不利于上市公司经营团队的稳定和公司的持续快速发展。建议加强与国资委的协调沟通，适当放宽对国有控股上市公司激励收益的限制。

参会企业普遍建议，通过修改法律法规等方式放宽对高管通过股权激励所得股份在减持的时间和数量上的限制。根据《证券法》、《公司法》等相关法律法规的规定，高级管理人员持有的股份，在其任职期间每年转让的股份不得超过其所持有本公司股份总数的25%，买入卖出股票的间隔时间不得少于6个月，离职后半年内，也不得转让其所持有的公司股份。高管层所持股份在减持上的限制以及每次行权时的高税收成本使得激励效果极为不明显，并且高管层不愿意实施股权激励计划或不愿意成为名义上的高管。以上困境迫使企业需要通过其他方式对高管进行激励。

企业也建议，进一步加强高管减持本公司股票的信息披露，延长持股高管辞职后的限售期限，使辞职高管减持节奏不能显著优于在职高管。

5. 及时清理废止不再适用的政策法规等规定

有企业提到，按照《关于金融类国有和国有控股企业负责人薪酬管理有关问题的通知》（财金〔2009〕2号）规定，国内金融企业暂时停止实施股权激励和员工持股计划，是在2008年国际金融危机时为引导国内金融企业合理控制各级机构负责人薪酬才下发的临时性文件，已明显不符合当下的经济发展形势，但是却未及时废止，成为阻碍上市银行实施股权激励和员工持股的一个障碍。另外，与会企业还普遍反映，影响国有控股上市企业实施股权激励及激励效果的一个主要原因是国资委等相关部门制定的关于国有控股企业实施股权激励的条件、定价、范围、数量等要求过于严格，审批手续复杂，收益较低甚至在行权过程中会发生亏损，显著降低了上市公司和激励对象实施股权激励的积极性。上市公司股权激励是一个涉及多个部门的系统性事项，仅一个部门简化审批流程，合理股权激励计划要素，而其他部门审批不畅也无法有效落实关于股权激励的政策。为确保股权激励政策落地，建议证监会加强与国资委、财政部等多个部门沟通协调，梳理各部门关于上市公司股权激励的相关规定，按照市场标准确定有关股权激励授予和行权时的条件、价格、范围和指标等各项内容，为上市公司积极实施股权激励营造良好的政策环境。

6. 探索针对股权激励对象的融资渠道

上市公司股权激励对象中年轻员工占比较大，支付能力有限，没有抵押物，因此大多数激励对象都会面临较大的现金支付压力。建议相关部门能够允许上市公司在现行法律法规的范围内，以遵循市场化原则为前提，探索为股权激励对象提供多种融资渠道。